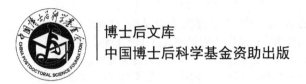

博士后文库
中国博士后科学基金资助出版

气体绝缘介质分解机制及特征分解产物

付钰伟 著

U0220804

科学出版社
北京

内 容 简 介

在气体绝缘电气设备全封闭且不透明的结构限制下，气体组分分析法通过监测特征分解产物气体实现设备故障诊断和运行状态检测，避免漏报、误报引起的事故，对设备及电力系统的安全可靠运行至关重要。本书介绍作者在气体绝缘介质故障机理方面的研究成果，系统阐释 SF_6、C_4F_7N 和 $C_5F_{10}O$ 气体绝缘介质故障特征分解产物演化机理、形成路径图谱和空间分布情况，从理论仿真和实验研究角度共同揭示气体绝缘电气设备故障特征分解产物形成机制，为电气设备运行状态评估技术研究奠定了基础，相关基础数据作为附录列出。

本书可为电气工程及相关专业师生、电气工程从业人员了解气体绝缘电气设备运行状态评估技术，开展相关研究工作提供指导和参考。

图书在版编目（CIP）数据

气体绝缘介质分解机制及特征分解产物 / 付钰伟著. —北京：科学出版社，2024.6
（博士后文库）
ISBN 978-7-03-077357-9

Ⅰ. ①气… Ⅱ. ①付… Ⅲ. ①气体绝缘–研究 Ⅳ. ①TM853

中国国家版本馆 CIP 数据核字（2024）第 001684 号

责任编辑：宋无汗 / 责任校对：郝璐璐
责任印制：赵 博 / 封面设计：陈 敬

科 学 出 版 社 出版
北京东黄城根北街 16 号
邮政编码：100717
http://www.sciencep.com

北京中石油彩色印刷有限责任公司印刷
科学出版社发行　各地新华书店经销
*
2024 年 6 月第 一 版　开本：720×1000　1/16
2025 年 1 月第二次印刷　印张：11 1/4
字数：227 000
定价：118.00 元
（如有印装质量问题，我社负责调换）

"博士后文库"编委会

"博士后文库" 序言

　　1985 年，在李政道先生的倡议和邓小平同志的亲自关怀下，我国建立了博士后制度，同时设立了博士后科学基金。30 多年来，在党和国家的高度重视下，在社会各方面的关心和支持下，博士后制度为我国培养了一大批青年高层次创新人才。在这一过程中，博士后科学基金发挥了不可替代的独特作用。

　　博士后科学基金是中国特色博士后制度的重要组成部分，专门用于资助博士后研究人员开展创新探索。博士后科学基金的资助，对正处于独立科研生涯起步阶段的博士后研究人员来说，适逢其时，有利于培养他们独立的科研人格、在选题方面的竞争意识以及负责的精神，是他们独立从事科研工作的"第一桶金"。尽管博士后科学基金资助金额不大，但对博士后青年创新人才的培养和激励作用不可估量。四两拨千斤，博士后科学基金有效地推动了博士后研究人员迅速成长为高水平的研究人才，"小基金发挥了大作用"。

　　在博士后科学基金的资助下，博士后研究人员的优秀学术成果不断涌现。2013 年，为提高博士后科学基金的资助效益，中国博士后科学基金会联合科学出版社开展了博士后优秀学术专著出版资助工作，通过专家评审遴选出优秀的博士后学术著作，收入"博士后文库"，由博士后科学基金资助、科学出版社出版。我们希望，借此打造专属于博士后学术创新的旗舰图书品牌，激励博士后研究人员潜心科研，扎实治学，提升博士后优秀学术成果的社会影响力。

　　2015 年，国务院办公厅印发了《关于改革完善博士后制度的意见》(国办发〔2015〕87 号)，将"实施自然科学、人文社会科学优秀博士后论著出版支持计划"作为"十三五"期间博士后工作的重要内容和提升博士后研究人员培养质量的重要手段，这更加凸显了出版资助工作的意义。我相信，我们提供的这个出版资助平台将对博士后研究人员激发创新智慧、凝聚创新力量发挥独特的作用，促使博士后研究人员的创新成果更好地服务于创新驱动发展战略和创新型国家的建设。

　　祝愿广大博士后研究人员在博士后科学基金的资助下早日成长为栋梁之才，为实现中华民族伟大复兴的中国梦做出更大的贡献。

中国博士后科学基金会理事长

前　言

　　作为电力系统的重要组成部分，气体绝缘电气设备广泛应用于特高压电网到配电网的各个电压等级，其装用量随着我国经济建设的不断发展而与日俱增，暴露出来的缺陷和故障也愈发明显。气体绝缘电气设备一旦发生故障，不仅检修过程复杂、费用极高，还将造成大面积、长时间停电，给社会经济带来重大损失。因此，研究气体绝缘电气设备运行状态评估技术，保证设备及电力系统的安全稳定运行，对于百姓民生、社会经济乃至国家安全都具有重要意义。

　　气体绝缘电气设备运行状态评估是电力行业亟待解决的前沿问题。由于气体绝缘电气设备全封闭且不透明的结构限制，以及定量标定、模式识别等关键问题尚未完全解决，常用 SF_6 气体绝缘电气设备潜伏性故障检测方法（如超高频法、超声波法等）难以对设备实际运行状态做出准确判断和评估，大量漏报、误报引起的事故严重影响了设备安全可靠运行。此外，常用方法的检测机理未必适用于 $C_5F_{10}O$、C_4F_7N 等新型环保气体绝缘电气设备，庞大的技术空白严重阻碍了我国气体绝缘技术和电力行业绿色发展。通过分析故障特征分解产物进行气体绝缘电气设备运行状态评估是一种有效的解决手段，但是国内外尚未对表征设备故障的特征分解产物形成统一结论，其与设备运行状态之间的定量关系也不清楚，检测方法更未见报道。

　　鉴于此，本书介绍结合量子化学理论、过渡态理论、化学动力学模型和气体绝缘介质特征分解产物检测方法的气体绝缘介质分解机制及特征分解产物研究方法，以及相应研究成果。全书共 6 章，分别是绪论，研究方法，SF_6、C_4F_7N 和 $C_5F_{10}O$ 气体分解机制及特征分解产物演化规律，结论与展望，相关基础数据列于附录中。本书结合理论仿真和实验研究，系统建立 SF_6、C_4F_7N 和 $C_5F_{10}O$ 气体绝缘介质故障特征分解产物形成路径图谱和微观参数数据库，获得不同故障类型和程度下特征分解产物的变化特性和空间分布情况，阐明同时考虑非平衡效应和空间结构的故障特征分解产物演化机理，获得背景气体、微量杂质等因素对特征分解产物的影响规律，揭示气体绝缘电气设备故障特征分解产物形成机制，为研究电气设备运行状态评估方法奠定了基础。

　　由于作者水平有限，书中难免存在不妥之处，恳请读者批评指正！

目　　录

第1章 绪 论

本章首先介绍背景与意义，其次从分解路径、速率系数、产物演化规律和检测方法四个角度对气体绝缘介质分解机制及特征分解产物演化规律的国内外研究现状和存在问题进行全面阐释，最后介绍本书的主要内容和章节安排。

1.1 背景与意义

作为电力系统的重要组成部分，气体绝缘电气设备广泛应用于特高压电网到配电网的各个电压等级，其装用量随着我国经济建设的不断发展而与日俱增，暴露出来的缺陷和故障也愈发明显。据统计，2013～2015 年，气体绝缘开关设备(gas insulated switchgear, GIS)引发的电网故障占比分别为 17.6%、35.7%和 45.0%，呈现逐年递增趋势。气体绝缘电气设备一旦发生故障，不仅检修过程复杂、费用极高，还将造成大面积、长时间停电，给社会经济带来重大损失。2012 年 4 月，500kV 深圳变电站断路器等开关爆炸导致多区域发生大规模停电，造成列车晚点、交通瘫痪、电梯困人等情况，带来了不可估量的损失。因此，气体绝缘电气设备的可靠性和安全稳定运行不仅直接关系到百姓民生，也关系到社会经济乃至国家安全。

气体绝缘电气设备运行状态评估是电力行业亟待解决的前沿问题。在设备全封闭且不透明的结构限制下，常用 SF_6 气体绝缘电气设备潜伏性故障检测方法(如超高频法、超声波法等)的定量标定和模式识别等关键技术尚未完全突破，难以对设备实际运行状态做出准确判断，存在大量漏报、误报引起的事故，严重影响了设备的安全可靠运行。此外，上述方法的检测机理未必适用于 $C_5F_{10}O$、C_4F_7N 等新型环保气体绝缘电气设备，庞大的技术空白严重阻碍了输配电装备制造业清洁低碳转型和电力行业绿色发展。值得注意的是，气体组分分析法具有很强的抗电磁干扰能力，容易与先进传感技术结合，通过监测故障特征分解产物实现设备故障诊断和运行状态检测，已大量应用在基于油中溶解气体分析的变压器状态检测和基于 SF_6 分解产物分析的电气设备放电故障检测，为开展气体绝缘设备运行状态评估提供了解决方法。

但是，故障特征分解产物在非平衡效应和设备结构的影响下，其形成过程涉及复杂、繁多的反应体系，难以通过实验定量揭示其形成机制，而理论研究所必需的分解反应路径、速率系数等基础参数仍然未知，导致无法对表征设备故障的特征分解产物形成统一结论。因此，开展气体绝缘介质分解机制及特征分解产物研究，对于研究电气设备运行状态评估方法、保障电气设备与电力系统的安全可靠稳定运行具有重要意义。

1.2　SF$_6$气体分解机制与特征分解产物研究现状

随着我国经济的高速发展，电力系统的容量与日俱增，大容量、超高压、远距离输变电系统也日益增加。在这种情况下，电网中的高压开关设备数量也以较快的速度不断增长，同时 SF$_6$ 气体以其卓越的绝缘和灭弧能力被广泛应用于高压开关设备。2013 年，新增 126kV 及以上的 GIS 共 15413 间隔，新增 126kV 及以上的 SF$_6$ 断路器共 6456 台，126kV 及以上的高压 GIS 和高压断路器均为高压 SF$_6$ 开关设备。高压 SF$_6$ 开关设备作为电力系统控制与保护的关键主设备，对电网的控制及保护起着至关重要的作用，是保证电力系统可靠运行的基础。

SF$_6$ 气体具有显著的绝缘特性和灭弧特性，而高压 SF$_6$ 开关设备内部的放电故障是 SF$_6$ 气体分解的主要诱因[1]。由于高压 SF$_6$ 开关设备具有全封闭的特点，往往不能及时发现绝缘缺陷。局部放电主要由设备内部绝缘缺陷引起，是诱发 SF$_6$ 气体分解的一个重要因素。同时，高压 SF$_6$ 开关设备在开断大电流时，触头之间产生电弧，电流的焦耳作用使得电弧内部的电子和重粒子具有较高的温度，导致 SF$_6$ 气体发生分解。当设备内部出现放电时，部分 SF$_6$ 气体会受热分解或在热电子的碰撞下发生解离，形成低氟化物(如 SF$_2$、SF$_4$ 和 F 等)。在各种灭弧措施下，高温电弧快速冷却，绝大多数低氟硫化物会重新复合形成 SF$_6$ 分子。SF$_6$ 气体具有强电负性和良好的导热性，可以降低弧隙游离程度，促进电弧熄灭。但是，仍有少部分低氟硫化物会与高压 SF$_6$ 开关设备中的微量水蒸气和氧气(简称微水微氧)等杂质发生复杂的化学反应，生成 SOF$_2$、SOF$_4$、SO$_2$F$_2$、SO$_2$、HF 等多种类型的特征分解产物。随着放电次数的增加，SF$_6$ 气体分解产物逐渐累积且在设备内部存在的寿命周期较长，导致一部分分解的 SF$_6$ 无法重新复合，而且这些分解产物的电负性和导热性弱于 SF$_6$[2]，不利于进行弧隙去游离过程，从而造成设备灭弧性能下降。此外，这些分解产物一方面具有比 SF$_6$ 更强的化学特性，会腐蚀设备内部绝缘材料；另一方面具有比 SF$_6$ 更低的绝缘强度，会威胁设备的安全运行[1,3]。

高压 SF$_6$ 开关设备一旦出现故障，将导致大范围停电，造成严重的经济损失和社会影响。如果能够对其绝缘状态实施有效监测，对电寿命进行准确评估，通过判断这些设备是否能够继续使用，安全可靠性是否有保障，可大大延长设备的服役时间，节省设备的购买支出，带来显著的社会经济效益。在局部放电监测方法中，超高频法[4-7]虽然抗干扰能力较强，且得到了较多的应用，但是其定量标定和模式识别等理论问题和关键技术尚未完全解决，难以对绝缘状态做出准确判断[8]。国内外主要以加权电流累积、N-I_b 曲线等效等经验方法或公式来评估高压 SF_6 开关设备的电寿命，但存在经验成分多、曲线获取代价高昂、数据分散性大、无法体现设备差异性等缺陷，导致电寿命评估不准确。因此，为及时发现潜在危险，从而预防事故发生，探索有效的高压 SF_6 开关设备绝缘状态监测和电寿命评估方法尤为关键。

国内外大量研究结果表明，SF_6 气体特征分解产物的类型和组分与高压开关设备绝缘状态和电寿命之间存在一定关联，该研究结果为基于 SF_6 气体分解产物分析进行设备绝缘状态监测和电寿命评估提供了可能[9-14]。唐炬等针对局部放电下的，SF_6 气体分解产物检测及分析做了大量的研究工作，通过对多种缺陷类型的试验研究，发现任意缺陷下 SF_6 最主要的分解产物都是 SO_2F_2 和 SOF_2，可以把这两种分解产物含量的比值 $c(SO_2F_2)/c(SOF_2)$ 作为气体绝缘设备局部放电的重要特征参数[9]。然而，SF_6 气体分解基础数据不全，相关机制研究尚不透彻，使得利用 SF_6 特征分解产物进行设备绝缘状态监测和电寿命评估缺少理论支撑。因此，本书构建了详细的 SF_6 分解体系和反应速率系数、能量、频率等理论数据，以及基于该故障分解体系和理论数据的非平衡化学动力学模型，将有助于揭示 SF_6 分解机理，探索 SF_6 特征分解产物演化规律，对于高压 SF_6 开关设备绝缘状态监测和电寿命评估，保障其可靠运行，进而对整个电力系统的安全稳定都具有重要意义。

1.2.1　SF_6 气体分解路径

SF_6 分解主要由三个因素引起：电子碰撞分解/电离、热分解和光致电离。在电弧和火花放电下，SF_6 解离由电子碰撞或高温引起；在局部放电和电晕放电下，由于温度较低，SF_6 解离由放电区域的电子碰撞引起。SF_6 解离得到的低氟化物主要有 SF_5、SF_4、F 等。同时 SF_6 具有极强的电负性，在空间中易吸附电子形成 SF_6^- 等负离子[15]。

国外学者就 SF_6 分解及特征分解产物形成过程开展了大量研究。McGeehan 等[16]研究发现，SF_6 分解过程中形成的负离子在电场作用下与 SF_6 分子进一步发生化学反应，生成各种低氟硫化物(SF_4、SF_3、SF_2 等)。其中，SF_4 被认为是多种 SF_6 特征分解产物(SOF_2、SO_2F_2、HF 等)形成过程中最重要的过渡产物之一。随着电弧冷却或放电区域温度降低，SF_6 解离产生的绝大多数低氟化物会迅速与 F 原子复合为 SF_6 分子，但是高压开关设备内的微量水蒸气、氧气等杂质会通过电子碰撞产生 OH、O 等高能活性粒子，因此部分解离产物将与这些高能活性粒子发生一系列复杂的化学反应，并形成多种特征分解产物(如 SOF_4、SO_2F_2、SOF_2、SO_2、HF 等)。Sauers[17]认为 SF_5、SF_4 与 O、OH 等高能活性粒子反应得到特征分解产

物 SOF_4，此外水分子还会消耗 F 原子产生 SOF_4，从而降低 SF_5、SF_4 复合为 SF_6 的效率。Olthoff 等[18]认为在能量较高的放电区域，SOF_4 可以通过水解反应生成特征分解产物 SO_2F_2。Rikker Tam 等[19]认为 SO_2F_2 也可以通过解离产物 SF_2 与微氧分子的复合反应直接获得。Sauers 等利用质谱法研究发现特征分解产物 SOF_2 主要通过解离产物 SF_4 的水解反应生成。Van Brunt 等[20]认为通过 SF_4 与高能活性粒子 OH 之间的化学反应更易获得 SOF_2。Hergli 等[21]认为特征分解产物 SO_2 和 HF 主要由 SOF_2 的水解反应生成。也有部分学者认为 SO_2 可以由 SF 和 OH、O 等高能活性粒子反应生成。西安交通大学汲胜昌等[12]对 SF_6 分解及特征分解产物形成的基本趋势进行了总结，如图 1-1 所示。

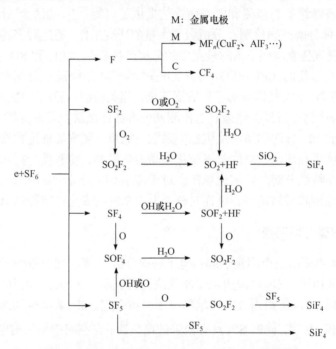

图 1-1 SF_6 分解及特征分解产物形成的基本趋势

然而，以上研究只是基于实验现象的观察总结，没有就各种因素对于 SF_6 分解机制及特征分解产物形成的具体影响得到统一结论，导致 SF_6 分解反应体系不完善，SF_6 特征分解产物生成过程不够明晰。Chu[1]指出 SF_6 分解机理复杂，因而只定性描述了不同放电条件(电晕、电弧等)下的 SF_6 主要分解过程：①电晕放电初始阶段产生的极高场强 E/N 会使放电区域的电子平均能量升高至 5～10eV，超过 SF_5—F 化学键解离所需的能量 3.5～4eV，致使 SF_6 通过多步分解形成 SF_5、SF_4 等低氟硫化物。低氟硫化物会进一步与微量杂质发生反应，因此在电晕放电中电子碰撞导致 SF_6 分解占主导。②在电弧放电条件下，SF_6 电弧等离子服从局部热力学平衡假设，从而可以计算求解不同分解产物的演化规律；微量水蒸气、氧气和触头烧蚀产生的铜金属蒸汽会在电弧温度降至 1500~2500K 阶段与主要粒子 SF$_4$ 发生反应，影响产物的形成。Van Brunt 等[22]提出三区域分解模型(本质上是化学动力学模型)。他们将气体绝缘设备内的电晕放电分为辉光区、离子迁移区和主气室放电区三个不同的反应区，对 SF$_6$ 在局部放电下的分解机制进行全面解释。但是该模型是针对金属突出物缺陷在负极性直流条件下提出的，而且考虑的粒子和反应数目偏少，大部分化学反应速率系数通过近似获取，当放电条件改变时，SF$_6$ 气体分解机制及过程可能并不完全相同，仍有待进一步研究。

可以看出，SF$_6$ 分解涉及大量复杂的物理化学过程，微量水蒸气、氧气、Cu 金属蒸气、聚四氟乙烯(polytetrafluoroethylene，PTFE)材料蒸气等杂质是促进 SF$_6$ 分解及特征分解产物形成的关键因素，同样也是完善 SF$_6$ 分解基础理论数据，研究 SF$_6$ 特征分解产物演化规律等相关问题的重要前提。

1.2.2 SF$_6$ 气体分解反应速率系数

SF$_6$ 分解机理包括 SF$_6$ 分解化学反应体系及反应能量、振动频率、速率系数等微观数据。速率系数也是利用非平衡化学动力学模型研究 SF$_6$ 特征分解产物演化规律的重要数据之一。碰撞理论可用于简化速率系数计算，认为两个分子要发生反应必须发生碰撞，因此获得碰撞截面是利用碰撞理论计算速率系数的前提和关键，且计算得到的速率系数通常大于实际数值。通过上述分析可知，现有研究常忽略杂质影响，采用碰撞理论估算 SF$_6$ 气体分解化学反应速率系数。Bartlová 等[23]利用中性粒子之间和中性粒子与离子之间的碰撞截面计算得到速率系数，并进一步在此基础上建立化学动力学模型，研究 SF$_6$ 电弧等离子组分衰减特性。但对于缺少碰撞截面参数的化学反应，如微水微氧中 SF$_6$ 分解反应，需要借助其他有效的方法。

在实验研究方面，Plumb 等[24]在 SF$_6$ 与微水微氧反应速率测量中做了大量工作。他们采用电子束激发化学反应 $SOF_2 + O \longrightarrow SO_2F_2$，结合质谱仪计算获得该反应在 295K 下的速率系数，约为 $1 \times 10^{-14} cm^3 \cdot mol^{-1} \cdot s^{-1}$；采用同样方法测得化学反应 $SOF_2 + F \longrightarrow SOF_3$ 在 295K 下的速率系数，约为 $2.1 \times 10^{-30} cm^3 \cdot mol^{-1} \cdot s^{-1}$，背景气体为 He。紫外光谱吸收法和激光闪光光解原子共振荧光法可以精确估算高温下的速率系数。Czarnowski 等[25]通过测量气压变化得到化学反应在 486~516K 温度范围内的速率系数约为 $1.0 \times 10^{14} e^{-130} s^{-1}$。Dillon 等采用激光诱导荧光法使化学反应 $O(1D) + SO_2F_2 \longrightarrow O(3P) + SO_2F_2 O(1D)$ 发生闪光光解，测得该反应在 296K 下的速率系数为 $(5.6 \times 10^{-1} \pm 1.0 \times 10^{-2}) s^{-1}$。可以看出，实验测量是获取 SF$_6$ 分解化学反应速率系数的有效手段。但是不难发现，常用实验方法无法测量高温下的速率系数，而研究 SF_6 特征分解产物演化规律需要获取较大温度范围内的速率系数，实验测量无法提供有效精确的数据。

近年来，随着量子化学计算方法的飞速发展，过渡态理论成为计算化学反应速率系数的有效手段之一。过渡态理论认为反应物分子并不只是通过简单碰撞直接形成产物，而是必须经过一个形成高能量活化络合物的过渡状态，并且达到这个过渡状态需要一定的活化能，再转化成生成物。国内外已有大量学者采用量子化学方法并结合过渡态理论对不同化学体系的微观反应机理和化学反应速率系数进行研究，并取得了显著成果[26-28]。利用过渡态理论计算微水微氧、Cu 金属蒸气、PTFE 材料蒸气等杂质影响下的 SF_6 分解反应速率系数等相关工作尚未见系统报道。

1.2.3　SF_6 气体特征分解产物演化规律

SF_6 分解得到的低氟硫化物会随着设备故障区域温度的衰减而大量恢复为 SF_6 分子，杂质的存在则促进 SF_6 分子进一步分解形成特征分解产物，这些特征分解产物作为 SF_6 等离子体的组分，随着温度的变化而不断演化。例如，在电流零区 SF_6 电弧自由衰减阶段，SF_6 特征分解产物作为 SF_6 等离子体的组成部分，其含量和组分类型会随着电弧温度的衰减而不断变化，因此研究特征分解产物演化规律的本质其实是研究 SF_6 等离子粒子组分动态特性。

在研究 SF_6 等离子粒子组分动态特性时，对于 SF_6 电弧等离子模型，通常基于电弧的高温、高压、大电流等诸多条件，可以假设模型处于局部热力学平衡状态，利用系统最小吉布斯自由能法计算得到等离子粒子组分[23,29]。但是，在电流零区 SF_6 电弧自由衰减阶段，电弧温度的快速衰减和有限的速率系数使得 SF_6 电弧等离子同时偏离热力学平衡和化学平衡。一方面，SF_6 分解等离子体内部粒子数降低，电子碰撞频率同时降低，电子能量无法频繁有效地通过弹性碰撞转移给重粒子，导致电子温度高于重粒子温度，SF_6 分解等离子体偏离局部热平衡。另一方面，由于化学反应速率系数有限，因此达到化学平衡需要一定的时间(弛豫时间)，而电弧熄灭过程中温度经历迅速衰减，化学反应的弛豫时间将大于粒子状态暂态变化的特征时间，导致 SF_6 电弧等离子偏离化学平衡。因此，非平衡效应对于研究 SF_6 特征分解产物演化机理十分重要。

针对处于非热力学平衡条件下的 SF_6 电弧等离子组分动态特性，Tanaka 等[30]求解了描述分解反应的 Guldberg-Waage 方程和电离反应的 Saha 方程，计算结果表明，低温情况下的 SF_6 电弧等离子组分与局部热力学平衡假设条件下的结果偏差较大。此外，对于化学非平衡问题的求解，化学动力学模型是较为有效的手段。Gleizes 等[31]和 Adamec 等[29]采用化学动力学模型研究了 SF_6 等离子组分随电弧温度衰减的演化规律，但由于化学反应不够完善，没有考虑杂质对 SF_6 分解组分的影响。Coll 等[32]则考虑了绝缘材料、铜、氧气和水对 SF_6 等离子组分随电弧温度衰减动态特性的影响，但是由于化学反应种类的不完整和化学反应速率系数的不准确，该仿真结果和实验结果存在较大偏差，也没有确切给出 SF_6 等离子组分随时间/温度的演化规律。西安交通大学 Wang 等[33]首次建立了同时考虑非热力学平衡和非化学平衡的双温化学动力学模型，对 SF_6 电弧等离子组分的动态衰减特性展开研究，计算获得非平衡态下 SF_6 电弧等离子组分衰减动态特性，并将该结果分别与仅考虑非化学平衡效应的单温化学动力学模型的计算结果和局部热力学平衡假设条件下的研究结果进行对比，发现三种模型在电弧温度高于 10000K 时的计算结果无明显差别，而当电弧温度降至 10000K 以下时，双温化学动力学模型计算得到的 SF_6 电弧等离子组分明显偏离热力学平衡，说明该双温模型较另外两种模型更加贴近实际情况，可以获得更加准确的 SF_6 电弧等离子组分动态衰减特性，但是上述双温模型没有考虑微水微氧等杂质对 SF_6 特征分解产物演化规律的影响。

可以看出，非平衡化学动力学模型是研究 SF_6 特征分解产物演化规律等非平衡等离子相关问题的有效手段，但是相关研究仍有待开展。

1.2.4　SF_6 气体特征分解产物检测方法

在 SF_6 特征分解产物的实验检测方面，国内外主要采用的方法有气相色谱法、红外吸收光谱法、质谱检测法和气敏传感器检测法等。国内外学者通过检测 SF_6 分解混合产物，获得可以表征不同放电故障类型及程度的 SF_6 分解产物，如表 1-1 所示。可以看出，电弧放电和火花放电下共同观测到的 SF_6 特征分解产物有 SO_2F_2、SOF_2、SO_2 等。下面对常用的 SF_6 故障分解产物检测方法进行介绍。

表 1-1　表征不同放电故障类型及程度的 SF_6 分解产物

SF_6 分解产物类型	放电条件	检测方法	文献
SF_2、SF_4、CO_2、H_2S、HF	8kA 电弧放电	红外吸收光谱法	文献[34]
SOF_2、SO_2F_2、SOF_4、HF、WF_6	0.5kA 电弧放电	气相色谱法	文献[35]
SF_4、S_2F_2、SOF_2、WF_6、SiF_4、COF_2、CF_4	电弧放电	^{19}F 核磁共振	文献[36]
SOF_2、SO_2F_2、SO_2	13～49kA 电弧放电	气相色谱-质谱联用方法	文献[37]
SOF_2、SO_2F_2、SOF_4、SO_2、OCS、CO_2	1.5μA 针板放电	气相色谱-质谱联用方法	文献[38]
SF_4、SOF_2、SOF_4、SO_2F_2、SiF_4、SO_2	5J/火花放电，0.2mJ/火花放电	质谱检测法	文献[39]
SOF_2、SOF_4、SO_2F_2、S_2F_{10}、S_2OF_{10}	12 kV，0.3J/火花放电 100 Hz	质谱检测法	文献[40]
HF、SO_2、SOF_2	局部放电	碳纳米管气敏传感器	文献[41]～[43]

气相色谱法是检测 SF_6 分解产物含量和类型的常用手段之一，受到了国标 GB/T 18867—2002 和 IEC 60480—2004 的共同推荐。气相色谱检测系统将待测组分作为流动相，将管柱内的吸附剂作为固定相，利用流动相中各待测组分和固定相之间的分配系数差，将各待测组分在两相中反复分配，从而实现分离、检测[44]。该方法可以对 SF_6 分解后产生的 CO_2、SOF_2、SO_2F_2、SO_2 等粒子进行准确的定性和定量分析检测，精度可达 10^{-6} 级[45]，但是不能检测 SOF_4 和 HF，难以区分 SOF_2 和 SF_4[46]，且检测时间较长、易受环境影响。Boudene 等[35]采用气相色谱法结合红外技术，对 500A/60V SF_6 电弧开断后的分解产物进行检测，发现 SF_6 分解的主要产物是 SOF_2，同时检测到微量的 SOF_4 和 SO_2F_2 等产物。唐炬等[47]利用气相色谱法实现了对 SO_2F_2、SOF_2、SO_2、CF_4、CO_2 等分解产物的检测。

红外吸收光谱法利用待测组分对红外光电磁辐射的选择性吸收特性，实现对 SF_6 分解产物的分析，并根据组分特征峰的峰高对浓度进行标定。该方法可以对百万分率(parts per million, ppm)的 SF_6 分解产物等进行灵敏检测，检测限度分别为 SO_2(2ppm)、SOF_2(0.3ppm)、SO_2F_2(0.1ppm)、S_2F_{10}(0.1ppm)、SF_4(0.05ppm)[48]，但是当 SF_6 含量很高时，其他气体成分的吸收峰会被淹没。Camilli 等[34]在开断 5kA 电弧的实验中采用红外吸收光谱法测量到了 SF_2、SF_4 以及微量 CO_2、H_2S 和 HF，但没有发现 S_2F_{10}。

质谱检测法利用电场使离子在磁场中运动，按质荷比进行分离并检测。该方法可以对高压电弧放电和火花放电条件下 SF_6 气体的分解产物进行检测，能够获得大部分特征分解产物，但无法区分 S_2F_2 和 SOF_2[22,49]。该方法检测气体种类全面，灵敏度高，但是操作复杂，不适用于在线监测。Sauers 等[39]发现火花放电下 SF_6 分解产物含量自高到低依次是 SOF_2、SOF_4、SiF_4、SO_2F_2、SO_2 等；Becher 等[40]则指出，火花放电情况下可以检测到较高浓度的 SO_2F_2 和 SOF_4 与较低浓度的 S_2F_{10} 和 S_2OF_{10}。为提高气体检测的准确性，气相色谱法和气相色谱-质谱联用方法成为常用手段。Baker 等[37]分别采用气相色谱法和气相色谱-质谱联用方法检测发现 13~49kA SF_6 电弧开断后的分解产物有 SOF_2、SO_2F_2、SO_2 等。Van Brunt[38]采用气相色谱-质谱联用方法对针板放电模型中的 SF_6 分解产物进行检测，发现最主要的特征分解产物是 SO_2F_2、SOF_2、SOF_4。

碳纳米管气敏传感器被应用于 SF_6 分解产物检测中，表现出良好的效果。该方法通过传感器电导的变化来反映电力设备内部的放电程度，也可用于放电情况实时监测[50]。张晓星等[41-43]发现碳纳米管气敏传感器能够对 HF、SO_2、SOF_2 等分解产物进行检测，但不能实现混合气体不同组分的识别。

通过上述分析可以看出，气相色谱法、气相色谱-质谱联用方法是研究 SF_6 特征分解产物及其形成机理的必要手段。

1.3　新型环保气体分解机制与特征分解产物检测方法

寻找 SF$_6$ 替代气体作为电气设备的绝缘和灭弧介质，是推进电气设备绿色环保化的迫切需求，已成为电力领域的研究热点。如图 1-2 所示，C$_5$F$_{10}$O、C$_6$F$_{12}$O 和 C$_4$F$_7$N 等新型环保气体具有很好的绝缘性能，全球增温潜势(global warming potential，GWP)很低且无毒，替代 SF$_6$ 作为绝缘介质的潜力远超其余气体。在实际应用中，新型环保气体通常与 CO$_2$、空气、N$_2$ 等背景气体混合来降低液化温度。ABB 公司[51]和阿尔斯通公司[52]分别采用 C$_5$F$_{10}$O+空气和 C$_4$F$_7$N+CO$_2$ 混合气体开发了 145kV GIS，可以在实现较高绝缘能力的基础上满足一定程度的环保要求。2018 年，武汉大学采用 C$_6$F$_{12}$O 混合气体成功研制出国内首台中压环保型 c-GIS，在南方电网所属地区率先挂网示范运行。

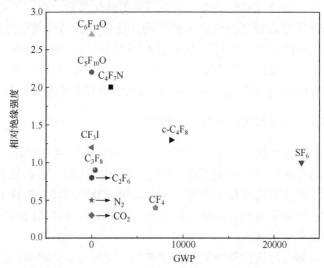

图 1-2　新型环保气体(SF$_6$ 替代气体)的相对绝缘强度(相对于 SF$_6$)和 GWP

因此，以新型环保气体作为绝缘介质的环保型 GIS 在电力系统中具有广阔的应用前景，受到了国内外学者的广泛关注，而绝缘问题依然是影响其安全性和稳定性的重要问题。在 GIS 现场运行故障中，绝缘故障占有相当大的比例，而设备内部绝缘缺陷是绝缘故障的主要诱因。由于设备具有全封闭的特点，绝缘缺陷往往不能及时发现，却通常会在故障早期产生局部放电现象。局部放电是反映 GIS 绝缘性能的重要参数，它不仅是绝缘劣化的先兆和表现形式，也是引起绝缘进一步劣化的诱因。但是，传统的局部放电检测方法(如电测法、超声法)易受现场电磁噪声干扰影响；超高频法以其抗干扰能力较强等优点得到了较多应用，但是其定量标定和模式识别等理论问题和关键技术尚未完全解决和实现，难以对 GIS 绝缘运行状态做出准确判断。值得注意的是，在局部放电下，环保型 GIS 经过长期运行产生的金属蒸气、绝缘材料蒸气以及无法避免的微水微氧等杂质与部分新型环保气体分子发生反应，产生一系列低氟低碳产物。这些环保型 GIS 局部放电产物可以间接反映局部放电情况，与设备绝缘运行状态之间存在一定关联，具有不受电磁干扰和噪声干扰等优点。因此，获得新型环保气体局部放电产物与局部放电情况之间的内在联系和定量关系，通过对产物进行诊断，就可能进行环保型 GIS 的绝缘特性评估[9,12,53]。但是，新型气体局部放电产物演化过程受到设备运行工况、缺陷故障类型、杂质等因素的影响，涉及复杂的物化过程，其内在机理还有待探索；分解产物的诊断方法仍不成熟，与局部放电之间的联系也不清楚，导致基于产物分析的环保型 GIS 绝缘特性评估研究鲜有报道。

　　因此，本书获得了描述新型环保气体分解产物演化过程的热力学参数、电离反应与电离系数、分解与复合反应、速率系数等物化参数；建立了同时考虑空间结构和非平衡效应的新型环保气体分解产物演化模型，结合气相色谱-质谱联用仪对分解产物的诊断结果，揭示了特征分解产物的演化机理，为环保型 GIS 绝缘故障诊断提供了理论支撑。相关结果对于保证环保型 GIS 的安全可靠运行，提高其应用于电力系统的可行性，进一步保障电力系统的安全稳定运行具有重要意义。

1.3.1　新型环保气体分解机制及特征分解产物

　　放电故障是气体绝缘介质分解的主要诱因，形成的产物在设备内演化、扩散。局部放电产生的高能电子与环境气体、绝缘材料相互作用，引起复杂的物理化学效应，使得电子温度偏离重粒子温度，化学反应的弛豫时间大于粒子对流、扩散等暂态变化过程的特征时间，因此气体绝缘介质局部放电体系同时偏离局部热力学平衡状态和化学平衡状态。

　　国内外学者结合理论计算和实验测量对 SF_6 特征分解产物演化机理展开了充分研究，取得了显著成果。Van Brunt 等[22]利用化学动力学模型阐释 SF_6 局部放电产物演化规律，但是忽略了非热力学平衡效应，考虑的化学反应也不全面，部分速率系数通过估算获得，因此研究结果有待进一步完善。Wang 等[33]分开考虑电子温度和重粒子温度，认为两者的比值与电子密度有关，利用双温化学动力学模型获得非平衡纯 SF_6 电弧在电流过零阶段的产物演化特性，但是没有考虑杂质的影响。考虑非平衡效应的双温化学动力学模型是研究 SF_6 分解产物演化机理的有效手段，而建立该模型的关键是获得描述产物演化过程的物化参数，如热力学参数、化学反应、速率系数等。近年来，量子化学技术在电气工程领域得到了广泛应用，取得了显著成果，成为研究上述物化参数的重要手段。西安交通大学[54,55]利用量子化学方法研究获得混合不同杂质后的 SF_6 分解体系和速率系数；武汉大学[56,57]

结合量子化学计算和实验诊断，获得 SF_6 主要分解途径，揭示电极材料、气体杂质对 SF_6 主要分解产物形成过程的影响规律。

国内外针对 SF_6 替代气体分解产物演化机理开展了初步研究。西安交通大学[58]、重庆大学[59]、沈阳工业大学[60]和日本金泽大学[61]基于局部热力学平衡假设，研究获得 SF_6 替代气体(如 C_3F_8、CF_3I+CO_2、SF_6+N_2、SF_6+Ar 等)的放电组分，但是没有考虑非平衡效应，同时忽略了电子碰撞截面数据不完整的粒子，研究结果有待进一步完善。对于新型环保气体，西安交通大学[62]基于局部热力学平衡假设，研究发现纯净 $C_5F_{10}O$ 的介质恢复特性较差，但是混入 CO_2 后的电弧产物则会随着温度衰减重新复合为 $C_5F_{10}O$ 分子，有利于介质恢复。武汉大学[53,63-65]结合量子化学计算和气相色谱-质谱联用仪诊断实验，发现 $C_5F_{10}O$ 分解产物有 CF_4、C_2F_6、C_3F_6、C_3F_8、C_4F_{10}、C_6F_{14} 等，C_4F_7N 分解关键产物为 i-C_4 和 C_2F_6。西安交通大学[66,67]利用量子化学方法研究获得 $C_5F_{10}O$ 分解路径、热力学参数和速率系数。可以看出，研究 SF_6 替代气体(尤其是新型环保气体)分解产物演化机理需要考虑非平衡效应，同时缺少描述产物演化过程的物化参数；空间结构、放电工况、背景气体等因素对产物演化机理的影响研究也有待开展。

1.3.2　新型环保气体特征分解产物检测方法

气体绝缘介质特征分解产物诊断是实现基于产物分析的电气设备绝缘运行状态监测和绝缘故障诊断的重要基础。气相色谱法、质谱检测法、气敏传感器检测法等方法在 SF_6 放电产物演化特性的诊断和分析中具有重要作用，检测手段也相对成熟。其中，气相色谱法是 SF_6 分解产物检测中最常用的手段之一，也是国标和国际电工委员会共同推荐的检测方法，但是不能检测 SOF_4 和 HF，难以区分 SOF_2 和 SF_4，而且检测时间较长、易受环境影响；质谱检测法可以对电弧放电和火花放电下大部分 SF_6 分解产物进行检测，但无法区分 S_2F_2 和 SOF_2[38,68]，而且操作复杂，不适用于在线监测；气敏传感器(如碳纳米气敏传感器)检测法通过电导的变化来反映设备内 HF、SO_2、SOF_2 等 SF_6 分解产物含量，可以用于产物演化实时监测[41-43]，但是难以实现混合气体的成分识别。

SF_6 替代气体放电产物的诊断研究仍处于初步阶段。上海交通大学[69]对大电流拉弧后的 CF_3I 分解成分进行了色谱和质谱分析，发现主要产物为全氟代烃，包括 CF_4、C_2F_6 和碘单质、碳单质等固体。武汉大学[63]将气相色谱-质谱联用仪应用到新型环保气体分解产物诊断研究中，分析发现 $C_5F_{10}O$ 混合分解产物中有 CF_4、C_2F_6、C_3F_6、C_3F_8、C_4F_{10}、C_6F_{14} 等成分。中国科学院电工研究所[70]利用气相色谱-质谱联用仪研究发现工频交流电晕放电中的 C_4F_7N+空气分解产物主要是 CO、CO_2、CF_4、C_2F_6、C_2F_4、C_3F_8、C_3F_6、$CF_3CF\!=\!CFCF_3$、$CF_3C\!\equiv\!CCF_3$、CF_3CN 和 CHF_3 等。可以看出，气相色谱-质谱联用法能够应用于新型气体分解产物诊断，能够分析混合产物的类型和含量。

1.4　本书主要内容与章节安排

本书介绍一种结合量子化学理论、过渡态理论、化学动力学模型及特征分解产物检测方法的气体绝缘介质分解机制及特征分解产物演化规律研究方法，以及最新研究结果，系统建立故障特征分解产物形成路径和微观参数数据库，获得不同故障类型和程度下特征分解产物的变化特性和空间分布情况，阐明同时考虑非平衡效应和空间结构的故障特征分解产物演化机理，获得背景气体、微量杂质等因素对特征分解产物的影响规律，揭示气体绝缘电气设备故障特征分解产物形成机制，为研究设备运行状态评估方法奠定基础。本书内容分为以下 6 章：

第 1 章介绍本书的研究背景和意义，对气体绝缘介质分解机制及特征分解产物演化规律的国内外研究现状和发展进行了综述，阐述了本书的主要内容。

第 2 章介绍开展气体绝缘介质分解机制及特征分解产物演化规律的研究方法，包括量子化学基础理论、过渡态理论、化学动力学模型和气体绝缘介质分解产物检测方法。

第 3 章介绍 SF_6 气体分解机制及特征分解产物演化规律。利用量子化学方法获得了微水微氧、Cu 金属蒸气和 PTFE 材料蒸气等杂质影响下的 SF_6 分解过程及特征分解产物形成途径，全面构建并分析 SF_6 分解关键特征分解产物的形成途径；利用过渡态理论开发 SF_6 分解速率系数计算模型，针对具有过渡态结构的化学反应，采用传统过渡态理论计算速率系数，而对于无过渡态的情况，则采用正则变分过渡态理论计算。利用化学动力学模型建立 SF_6 特征分解产物演化模型，通过求解元素化学计量守恒、质量作用定律和元素守恒等中性条件组成的非线性方程组取得粒子随时间和温度变化的动态特性，结合气相色谱检测实验获得 SF_6 特征分解产物演化规律。

第 4、5 章介绍 C_4F_7N、$C_5F_{10}O$ 气体分解机制及特征分解产物演化规律。利用量子化学方法获得 O_2、N_2、Cu 金属蒸气影响下的 C_4F_7N 和·OH、Cu 金属蒸气影响下的 $C_5F_{10}O$ 分解过程及特征分解产物形成途径，全面构建并分析 C_4F_7N、$C_5F_{10}O$ 分解关键特征分解产物的形成途径，利用过渡态理论开发 C_4F_7N、$C_5F_{10}O$ 分解化学反应速率系数的计算模型，利用化学动力学模型建立 C_4F_7N、$C_5F_{10}O$ 特征分解产物演化模型，结合气相色谱-质谱检测实验获得 C_4F_7N、$C_5F_{10}O$ 特征分解产物演化规律。

第 6 章对本书内容和主要结论进行总结，并对未来的工作进行展望。

第2章 研 究 方 法

电气设备内复杂的气体环境因素(如微水微氧杂质、触头烧蚀后产生的 Cu 金属蒸气、绝缘部件烧蚀产生的 PTFE 蒸气和 O_2、N_2 等背景气体)会对气体绝缘介质分解机制及分解产物形成过程产生显著影响。上述物理化学过程与气体绝缘介质分解路径及其中各粒子的微观数据(如电子能量、振动频率、过渡态结构等)密切相关。这些微观数据也是计算气体绝缘介质分解化学反应速率系数的重要基础,是建立化学动力学模型研究气体绝缘介质分解产物演化规律的先决条件。但是,很难通过实验手段测量上述微观参数,一般都是借助量子化学方法计算得到。随着量子化学方法的不断发展,国内外学者已成功地计算出多种化学体系的反应途径及反应机理,从而使得将该方法用于计算气体绝缘介质分解路径及机理成为可能。

气体绝缘介质分解产物的形成和演化过程经历了快速的温度暂态变化(如电流零区 SF_6 电弧自由衰减),同时化学反应速率有限,使得上述过程偏离平衡态。研究气体绝缘介质分解产物演化特性可以借助等离子体化学动力学模型,而准确获取速率系数是保证化学动力学模型准确性的关键。但是,气体绝缘介质分解反应速率系数仍然不全面或未知,使得化学动力学模型的准确计算增加了不少困难。近年来,过渡态理论成为计算气体绝缘介质分解反应速率系数的有效手段之一。

实验研究是不可或缺的重要手段。在众多气体绝缘介质分解产物检测方法中,气相色谱法、气相色谱-质谱联用方法具有高分离能力、高效性和高灵敏度等优势,是 IEC 60480—2004 和 GB/T 18867—2002 所推荐的方法,也是国内外学者采用最多的检测手段之一,已实现了对 SF_6 分解混合组分 SOF_2、SO_2F_2 和 SO_2 的定量定性分析。

因此,本章对基于量子化学基础理论、过渡态理论、化学动力学模型以及产物检测方法的气体绝缘介质分解机制及特征分解产物演化规律研究方法进行详细介绍。

2.1 量子化学基础理论

2.1.1 Schrödinger 方程

1927 年,Heilter 和 London 首次利用量子力学基本方法研究两个 H 原子结合成稳定 H_2 分子的化学反应机理,从而使得利用量子化学方法研究分子结构问题成为可能，逐渐形成了量子化学这一理论化学的分支学科。量子化学以量子力学基本原理和方法为基础，通过阐述研究对象的微观结构和宏观特性之间的关系，揭示其所在化学反应的本质及规律，可用于研究分子间相互作用和分子间化学反应等问题。从 20 世纪 60 年代开始，随着量子化学计算方法的发展和大型计算机的应用，量子化学已与生物、医学、环境和数学等各个学科相互渗透，成为相关科研工作者获取必要数据的重要手段。

Schrödinger 方程是量子化学的基本方程。在量子化学计算中，无论采用哪种计算方法，核心都是 Schrödinger 方程的近似求解。量子化学方法通常假定分子孤立地处于真空和绝热的状态下，此时分子内微观粒子(原子核、电子)间的相互作用势能仅与粒子间距有关，因此该分子体系的状态可用定态波函数 ψ 描述，服从定态 Schrödinger 方程：

$$\hat{H}\psi = (\hat{T} + \hat{V} + \hat{U})\psi = E\psi \tag{2-1}$$

式中，E 为化学体系的总能量；$\hat{H}$ 为微观粒子的 Hamilton 总能量算符；$\hat{T}$ 为微观粒子的动能算符；$\hat{V}$ 为微观粒子外电场(原子核电场)的势能算符；$\hat{U}$ 为微观粒子电子-电子相互作用算符；ψ 为定态波函数，$\psi = \psi(x,y,z)$。

对于一个多原子分子，Hamilton 总能量算符 $\hat{H}$ 应包含全部原子核和全部电子的动能项和势能项，其表达式可展开为

$$\hat{H} = -\sum_{\alpha} \frac{\hbar^2}{2M_\alpha} \nabla_\alpha^2 - \sum_{i} \frac{\hbar^2}{2M_i} \nabla_i^2 - \sum_{\alpha,i} \frac{Z_\alpha e^2}{r_{\alpha i}} + \sum_{j<i} \frac{e^2}{r_{ij}} + \sum_{\alpha<\beta} \frac{Z_\alpha Z_\beta e^2}{R_{\alpha\beta}} \tag{2-2}$$

式中，下标 α、β 为标记原子核；下标 i、j 为标记电子；M_α 为第 α 个核的质量；M_i 为第 i 个电子的质量；Z_α 为第 α 个核的电荷数；Z_β 为第 β 个核的电荷数；$r_{\alpha i}$ 为第 α 个核和第 i 个电子之间的距离；r_{ij} 为第 i 个电子和第 j 个电子之间的距离；$R_{\alpha\beta}$ 为第 α 个核和第 β 个核之间的距离；∇^2 为 Laplace 算子，$\nabla^2 = \frac{\partial^2}{\partial x^2} + \frac{\partial^2}{\partial y^2} + \frac{\partial^2}{\partial z^2}$；$e$ 为电子带电量；$h = 6.626 \times 10^{-34} \mathrm{J \cdot s}$，为普朗克常数，$\hbar = h/2\pi$。

式(2-2)等号右端共包含五项，依次为多原子分子中所有原子核的动能、所有电子的动能、核对电子的 Coulomb 吸引能、电子间排斥能(双电子算符)和核间排斥能。在多原子分子体系中，由于涉及多个自由度以及多种电子、原子核的参量，难以进行变量分离，故难以求解该体系的 Schrödinger 方程，需要借助量子化学中的基本近似条件和常用计算方法进行简化和求解。

2.1.2 三个基本近似

大量研究结果表明，以 Schrödinger 方程为基础的量子化学方法求解得到的结

果是合理有效的[71]。通常只要求解定态 Schrödinger 方程，得到准确的波函数 ψ，就可以进一步获得分子的电子结构及其他微观性质。但是，对于多原子分子体系，在数学上直接求解 Schrödinger 方程不可行。鉴于此，学者们提出了如下三种基本近似。

(1) 非相对论近似。根据相对论，电子必须具有极快的运动速度才能保证其在原子核附近运动但又不被俘获。此时，电子的质量 μ 由电子运动速度 v、光速 c 和电子静止质量 μ_0 决定，四者之间的关系满足式(2-3)[72]：

$$\mu = \frac{\mu_0}{\sqrt{1 - \left(\frac{v}{c}\right)^2}} \tag{2-3}$$

由于化学反应通常不涉及原子核的变化，仅仅是原子核间的相对位置发生变化，因此利用量子化学方法求解相关问题时，通常基于非相对论近似，认为电子质量 μ 等于电子静止质量 μ_0，从而忽略了相对论效应。

(2) Born-Oppenheimer 近似。由于化学反应体系通常涉及多个自由度，直接求解 Schrödinger 方程无法进行，因此 Born-Oppenheimer 近似提出了一种求解包含电子与原子核体系的近似方法[73]，将原子核与电子坐标变量进行分离。原子核的质量远远大于电子质量，因而电子运动会比原子核运动快很多，使得在原子核的每一个微小运动之下，电子都能很快建立起新的平衡。鉴于此，Born-Oppenheimer 近似将电子运动和核运动分离开考虑，分别得到电子和原子核的 Schrödinger 方程：

$$-\frac{1}{2}\sum_p \nabla_p^2 \psi + V(R,r)\psi = E(R)\psi \tag{2-4}$$

$$-\frac{1}{2}\sum_\alpha \frac{1}{2M_\alpha}\nabla_\alpha^2 \phi + V(R,r)\phi = E_{\mathrm{T}}(R)\phi \tag{2-5}$$

式中，ψ 为电子波函数；ϕ 为原子核波函数；$E(R)$ 为电子能量；$E_{\mathrm{T}}(R)$ 为体系总能量。

(3) 单电子近似。在化学反应体系的电子运动与核运动分离后，计算电子波函数 ψ 就归结为求解方程。为了解决 Schrödinger 方程中双电子算符无法分离变量的问题，单电子近似将电子间的 Coulomb 作用平均化，认为每个电子的运动状态仅由其他电子的平均密度分布(电子云)决定[74]。因此，可以用单电子波函数来描述每个电子的运动状态。由于各个单电子波函数的自变量彼此独立，因此包含 N 个电子的波函数可写成 N 个单电子波函数的乘积，即 $\psi(q_1,q_2,\cdots,q_N)=\psi(q_1)\psi(q_2)\cdots\psi(q_N)$，其中，$q_i$ 表示体系中第 i 个电子。单电子近似将原来需要求解含有 N 个电子坐标的体系总波函数的问题拆解为求解 N 个单电子波函数的问题。单电子波函数问题因为自变量个数大幅度减少，所以在数学上的求解也更加容易。

在求解化学反应体系的 Schrödinger 方程时，首先进行电子结构计算，即求解电子的 Schrödinger 方程以获得电子波函数 ψ 和绝热势能面。由于电子的数量通常多于原子核的数量，这一步计算比较费时，可以采用"从头计算(Ab initio)"方法、密度泛函理论、半经验方法等近似方法进行求解。其次在获得绝热势能面后，再求解原子核的 Schrödinger 方程以得到原子核波函数 ϕ(用于描述分子的振动模式)和体系总能量 $E_T(R)$。

2.1.3　基本概念

在化学反应中，通常存在着旧化学键的断裂和新化学键的形成，所以必须考虑作用在每个原子上的力。在分子碰撞中，作用在原子上的力与分子的内力和分子间的作用力都有关系。此外，不能分开研究每个参与碰撞的分子，还必须考虑两个碰撞分子所形成的量子力学整体，即超分子。

超分子只存在于碰撞过程中，没有任何稳定性。如果超分子有 N 个原子，则需要 $3N$ 个核坐标来描述超分子中原子核的运动。由于非线性刚性分子具有 3 个平动自由度和 3 个转动自由度，所以超分子的势能 V 是具有$(3N-6)$个变量的函数。当 N 等于 3 时，可以直观得到超分子的势能面曲线。作用在超分子中原子上的力取决于超分子的势能 V，通常用 $F_{x,a}$ 表示。其中，a 表示超分子中的原子，$F_{x,a}$ 表示作用在原子 a 上的 x 方向的力。

Eyring 等[75]首次使用量子力学方法计算得到 H_3 分子的势能面。H_3 的势能面 V 是一个具有 3 个变量的函数，从而可以直观地画出该势能面的三维曲线。Eyringt 等采用原子间距 r_{AB}、r_{BC} 和碰撞角 y 表示 H_3 分子的势能面，取原子间距 r_{AB}、r_{BC} 和势能 E_r 为坐标轴，固定碰撞角 y 不变，得到的 H_3 势能面如图 2-1 所示。

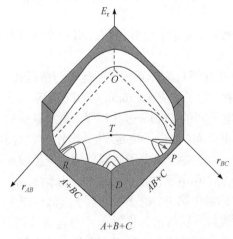

图 2-1　H_3 势能面

图 2-1 中，R 点表示反应物体系 $A+BC$，P 点表示产物体系 $AB+C$，T 点处于该化学反应势能面曲线的鞍点位置。因此，势能面上联结反应物体系(R 点)和产物体系(P 点)的最低能量路径是 R-T-P。从能量的观点看，化学反应一般沿着最低能量路径进行，反应势能从 R 点开始增加，达到 T 点即为达到该曲线上的最高点，然后反应势能开始降低，达到 P 点为最小。T 点上的超分子构型即为化学反应的过渡状态结构，反应物体系经过过渡态结构后就转化为产物体系。

2.1.4 计算方法和基组选择

近年来，量子化学计算方法备受关注，得到了深入的发展和优化，能够研究的分子体系越来越大，计算精度也得到了极大提升。对于化学反应体系，经典的量子化学计算方法可对其进行精确的结构优化，预测出分子振动频率、反应势垒等理论参数，进一步计算得到热力学函数。经典的量子化学计算方法包括半经验方法、Ab initio 方法和密度泛函理论(density functional theory，DFT)。

(1) 半经验方法：半经验方法[76-80]具有定性和半定量的特点，通常根据电子结构的试验值，将分子中的相互作用部分进行参数化表示，从而近似求解 Schrödinger 方程中难以计算的积分部分。半经验方法可以进行一些复杂分子的电子结构优化，极大地简化了计算。但是，分子中相互作用部分的参数化表示受到分子类型和性质的局限，因此半经验方法仅适用于比较同类分子的某些性质。

(2) Ab initio 方法：Ab initio 方法[81,82]基于分子轨道理论[83,84]和三种基本近似(Born-Oppenheimer 近似、单电子近似和非相对论近似)，利用普朗克常数、电子质量和带电量这三个基本物理常量以及元素的原子序数近似求解体系的 Schrödinger 方程。Ab initio 方法包括 Hartree-Fock(HF)方法[85]，需要选择适合的原子轨道基函数，包括 Slater 型轨道函数[86]和 Gauss 型轨道函数[87]。虽然 Ab initio 方法的计算原理严格且结果可靠，但由于不依靠经验或半经验参数，因而自洽迭代次数多，适合研究小分子体系。

(3) 密度泛函理论：与从多电子波函数角度出发的方法不同，DFT 方法直接利用密度泛函描述并确定体系的状态而无须借助多电子波函数，因此体系状态的基本表征量由波函数 ψ 替换为电子密度 ρ。

1927 年，Thomas[88]和 Fermi[89]提出了 Thomas-Fermi(TF)模型，将原子体系的动能和势能表示为密度的泛函形式，即密度泛函理论的原始模型。1964 年，Hohenberg 等[90]在 TF 模型的基础上奠定了密度泛函方法的理论基础：①多粒子体系的外部势场由粒子密度 $\rho(r)$ 决定，体系的粒子数因而也得到确定，并进一步确定了体系的 Hamilton 算符；②体系基态总能量 $E(\rho)$ 在体系基态单粒子密度 E_0 处取极小值，即对于任意一个试探密度函数 $\rho(r)$，若 $\rho(r) \gg 0$ 且 $\int \rho(r)\, dr = N$ (N 为电子总数),则存在变分原理 $E_0 \ll E(\rho)$。基于此,可以对式(2-1)中总能量 E 中的三项:动能项 $\hat{T}$、外势能项 $\hat{V}$ 和电子间的相互作用项 $\hat{U}$ 进行近似和简化。

对于动能项 $\hat{T}$,根据单电子近似忽略电子间的相互作用,可以将动能项改写为

$$\hat{T}(\rho) \approx \hat{T}_s(\rho) = -\frac{\hbar^2}{2m} \sum_{i=1}^{N} \int \mathrm{d}^3 r \phi_i^*(r) \nabla^2 \phi_i(r) \tag{2-6}$$

式中,$\phi_i(r)$ 为第 i 个单电子轨道;$\hat{T}_s(\rho)$ 为所有无相互作用的单电子轨道的动能总和。

对于外势能项 $\hat{V}$,根据 Born-Oppenheimer 近似可得出外势能的表达式:

$$\hat{V}(\rho) = \int V(r)\rho(r)\mathrm{d}r \tag{2-7}$$

对于电子间的相互作用项 $\hat{U}$,可以根据 Thomas-Fermi 模型得出一个类似库仑作用的近似表达:

$$\hat{U}(\rho) \approx \hat{U}_H(\rho) = \frac{1}{2} \iint \frac{1}{r_{12}} \rho(r_1)\rho(r_2)\mathrm{d}r_1\mathrm{d}r_2 \tag{2-8}$$

式(2-6)、式(2-7)和式(2-8)三项相加可以得到总能量 E 的近似值:

$$E_{\mathrm{approx}}(\rho) = \hat{T}(\rho) + \hat{V}(\rho) + \hat{U}(\rho) \tag{2-9}$$

Kohn 等[91]提出应把总能量近似值 E_{approx} 与总能量准确值 E 之间的误差归并为一项交换相关能泛函 $E_{\mathrm{XC}}(\rho)$,再寻求近似解。$E_{\mathrm{XC}}(\rho)$ 可以表示为 $E_{\mathrm{XC}}(\rho) = T(\rho) - T_s(\rho) + U(\rho) - U_H(\rho)$。因此,密度泛函理论处理多粒子体系的难点就集中在解决交换相关能泛函 $E_{\mathrm{XC}}(\rho)$ 上。

一般将 $E_{\mathrm{XC}}(\rho)$ 表示成交换项和相关项两部分,即 $E_{\mathrm{XC}}(\rho) = E_{\mathrm{X}}(\rho) + E_{\mathrm{C}}(\rho)$,构造 $E_{\mathrm{X}}(\rho)$ 和 $E_{\mathrm{C}}(\rho)$ 的方法:局域密度近似[92,93](local density approximation,LDA),将电子看作均匀分布来近似求解 Kohn-Sham 模型,但是计算结果不精确;广义梯度近似[94](generalized gradient approximation,GGA),通过引入电子密度梯度以得到精确的 $E_{\mathrm{XC}}(\rho)$;杂化交换和相关泛函[95,96],定义交换函数 $E_{\mathrm{X}}(\rho)$ 为与 HF 方法、局域和梯度相关的相关函数 $E_{\mathrm{C}}(\rho)$,常用的有 B3LYP、BLYP、B3PW91 等方法。其中,最常用的是 B3LYP 方法[97,98],交换相关能泛函 $E_{\mathrm{XC}}(\rho)$ 可以表示为

$$E_{\mathrm{XC}}^{\mathrm{B3LYP}}(\rho) = E_{\mathrm{X}}^{\mathrm{LDA}} + c_0(E_{\mathrm{X}}^{\mathrm{HF}} - E_{\mathrm{X}}^{\mathrm{LDA}}) + c_{\mathrm{X}}\Delta E_{\mathrm{X}}^{\mathrm{B88}} + c_{\mathrm{C}}(E_{\mathrm{C}}^{\mathrm{LYP}} - E_{\mathrm{C}}^{\mathrm{VMN3}}) \tag{2-10}$$

式中,$E_{\mathrm{X}}^{\mathrm{B88}}$ 为 1988 年 Becke 提出的交换函数;$E_{\mathrm{C}}^{\mathrm{LYP}}$ 为 1988 年 Lee、Yang 和 Parr[99]给出的相关泛函。这些泛函都包含经验参数 c_0、c_{X} 和 c_{C},在函数形式确定的情况下,通常用小分子来拟合这些系数,然后把这些函数形式应用于所有体系。

DFT 方法简化了电子结构的计算,计算量只随电子数目的 3 次方增长,可用

于较大分子体系的计算。近年来，DFT 方法同分子动力学结合，已被成功地用于分子结构和性质、分子反应机理、过渡态结构优化等许多问题的研究。

此外，在量子化学计算时，通常需要对电子的运动轨道进行精确描述，而量子化学中的基组可以满足将电子运动轨道限制到特定空间区域的要求，在量子化学计算中具有非常重要的意义。通常根据不同的化学反应体系来选择不同的基组，构成基组的函数越多，计算的精度也越高。广泛用于量化计算的基组有两类：Slater 型基组(STO)和 Gauss 型基组(GTO)。

在描述电子云分布方面，Slater 型基组具有一定的优越性，但是在计算时需要用到 $1/r_{12}$ 的无穷级数展开式，使得计算变得十分复杂。因此，通常用 Gauss 函数拟合 Slater 函数来计算积分[100]。Gauss 函数的球坐标表达式为

$$X = R_{n,l}(r,a)Y_{lm}(\theta,\varphi) \tag{2-11}$$

式中，径向部分表达式为

$$R_{n,l}(r,a) = 2^{n+1}[(2n-1)!!]^{-1/2}(2\pi)^{-1/4}r^{n-1}e^{-ar^2} = Dr^{n-1}e^{-ar^2} \tag{2-12}$$

在描述电子运动方面，Slater 型基组远远优于 Gauss 型基组，但计算时却比 Gauss 型基组复杂很多。这两种基组的优势在于，Slater 型基组与真实电子轨道具有一一对应的关系，Gauss 型基组便于积分，因此在计算时通常用 n 个 Gauss 函数组合逼近成相应的 Slater 型基组：

$$\chi(\text{Slater}) = c_1(\text{Gauss})_1 + c_2(\text{Gauss})_2 + \cdots = \sum_n c_n(\text{Gauss})_n \cdots \tag{2-13}$$

进一步利用获得的 Slater 型基组来线性表示分子轨道 ψ，即 STO-GTO 系，常用的组合有以下几种[100]：

(1) STO-NG 型基组。该基组中每个被占据的原子轨道只对应一个 STO 函数，而每个 STO 函数又由 N 个 GTO 函数线性组合来逼近，其中 N 可取 1～6。计算通常采用 STO-3G 型基组或 STO-4G 型基组。

(2) 价层分裂基组。该基组采用两个或两个以上的 STO 轨道来表示价层电子的原子轨道。计算通常采用 3-21G、6-31G、6-311G 等基组。价层分裂基组比 STO-NG 型基组仅增加一倍价轨道，而且能更好地描述体系波函数，同时计算精度也得到大幅度提高。

(3) 扩展基组(极化基)。为了更好地描述电子云形变等问题，通常在 N-311G、N-21G 等价层分裂基组上添加更高能级原子轨道所对应的基函数。随着基组增大，变分参数增多，扩展基组相较价层分裂基组可以更好地描述体系状态[101]。

基于上文介绍的量子化学基本原理和计算方法，本章采用密度泛函方法中的 B3LYP 泛函形式，结合 6-311G(d,p) 和 6-311(3df,3pd) 基组，计算获得了 SF_6 气体分解路径与机理；采用 M06-2X 泛函形式并结合 6-31G* 基组，计算获得了 C_4F_7N

和 $C_5F_{10}O$ 气体分解路径与机理。计算步骤如下：首先，对化学反应中所有粒子的分子结构进行优化计算；其次，在更精确的计算水平上对粒子的能量、振动频率等微观参数进行校正，扫描获得准确的化学反应势能面；最后，构建完整的分解路径。

2.2　过渡态理论

过渡态理论(transition state theory，TST)是 20 世纪 30 年代在统计力学和量子化学发展的基础上提出来的，是将分子结构、能量与速率系数联系在一起的重要理论。过渡态理论的基本模型和假设：化学反应不是只通过碰撞就可以发生，而要经过一个以一定构型存在的过渡态结构，并且形成这个过渡态结构需要一定的活化能[102-105]。过渡态与反应分子之间建立化学平衡，总反应的速率系数由过渡态转化成产物的速率决定。过渡态理论还认为在反应物转变为产物的过程中，只需要获得过渡态结构的某些理论特性，如振动频率、能量等，即可计算反应的速率系数，所以这个理论也称为绝对速率理论。过渡态理论比分子碰撞理论更为进步，可以分为传统过渡态理论和变分过渡态理论[106,107]。

2.2.1　传统过渡态理论

过渡态理论是 1935 年 Eyring 和 Polanyi 等在统计力学和量子化学的基础上提出的，是结合反应势能面和统计力学原理计算反应速率系数的一种有效方法。

对于化学反应 $A + B \longrightarrow C + D$，其速率系数 $k(T)$ 定义为

$$-\frac{\mathrm{d}[A]}{\mathrm{d}t} = k(T)[A][B] \tag{2-14}$$

式中，t 为时间；T 为温度；$[X]$ 为粒子 X 的浓度。

过渡态理论在反应物区和产物区之间选取一个临界分界面(该分界面通过势能面鞍点)，并假定所有反应轨线一次性跨过此界面后就变成产物分子而不再返回反应物区，则化学反应速率 k 就等于反应轨线单向跨越临界分界面的速率，这一临界分界面称为过渡态(transition state，TS)或分隔面[108]。传统过渡态理论[104,109]认为化学反应过渡态与势能面鞍点的构型是相同的。

如果化学反应 $A + B \longrightarrow C + D$ 的过渡态结构用 $AB^{\neq}$ 表示，则该反应的平衡常数可定义为

$$K^{\neq}(T) = \frac{[AB^{\neq}]}{[A][B]} \tag{2-15}$$

速率系数 $k(T)$ 与平衡常数 $K^{\neq}(T)$ 满足以下关系：

$$k(T) = \upsilon(T)K^{\neq}(T) \tag{2-16}$$

式中，$\upsilon(T)$ 为过渡态结构 $AB^{\neq}$ 到产物 $C+D$ 的单分子转化频率。

单分子转化频率 $\upsilon(T)$ 通过以下两部分计算得到。

首先，利用标准摩尔活化自由能 $-\Delta G^{\neq,\circ}(T)$ 得到平衡常数 $K^{\neq}(T)$ 的表达式：

$$\begin{cases} K^{\neq}(T) = K^{\neq,\circ}(T)e^{-\Delta G^{\neq,\circ}(T)/RT} \\ K^{\neq,\circ}(T) = \dfrac{[AB^{\neq}]^{\circ}}{[A]^{\circ}[B]^{\circ}} \end{cases} \tag{2-17}$$

式中，$-\Delta G^{\neq,\circ}(T)$ 为标准摩尔活化自由能；R 为理想气体常数，$8.314\text{J} \cdot \text{mol}^{-1} \cdot \text{K}^{-1}$；$[X]^{\circ}$ 为标准状态下粒子 X 在单位体积内的浓度。

其次，利用过渡态结构 $AB^{\neq}$ 及反应物 A 和 B 的配分系数表示标准摩尔活化自由能 $-\Delta G^{\neq,\circ}(T)$：

$$\begin{cases} -\Delta G^{\neq,\circ}(T) = \ln \dfrac{Q_s(T)Q^{\neq}(T)}{K^{\neq,\circ}(T)\phi^R(T)} \\ \phi^R(T) = \phi_{\text{rel}}(T)Q^A(T)Q^B(T) \end{cases} \tag{2-18}$$

式中，s 为反应坐标；$Q_s(T)$ 为反应坐标上的配分函数；$Q^{\neq}(T)$ 为过渡态结构 $AB^{\neq}$ 的内配分函数；$\phi_{\text{rel}}(T)$ 为单位体积内反应物 A 和 B 的相对平移配分函数；$Q^A(T)$ 为单位体积内反应物 A 的配分函数；$Q^B(T)$ 为反应物 B 的内配分函数；$\phi^R(T)$ 为单位体积内反应物的总配分函数。

由于分子的配分函数可以表述为分子各个自由度的乘积，因此过渡态结构 $AB^{\neq}$ 的内配分函数 $Q^{\neq}(T)$ 和单位体积内反应物 A 的配分函数 $Q^A(T)$（以下以反应物 A 为例进行说明，反应物 B 的相关计算方法与 A 相同）可表述为

$$\begin{cases} Q^{\neq}(T) = Q_e^{\neq} \cdot Q_v^{\neq} \cdot Q_r^{\neq} \cdot Q_t^{\neq} \\ Q^A(T) = Q_e^A \cdot Q_v^A \cdot Q_r^A \cdot Q_t^A \end{cases} \tag{2-19}$$

式中，下标 e 为电子配分函数；下标 v 为振动配分函数；下标 r 为转动配分函数；下标 t 为平动配分函数。

非线性稳定分子具有 3 个平动自由度、3 个转动自由度和 $3N-6$ 个振动自由度；线性稳定分子具有 3 个平动自由度、2 个转动自由度和 $3N-5$ 个振动自由度；对于过渡态结构，由于其沿反应坐标方向的振动转化为平动，因而过渡态有 $3N-7$（线性过渡态为 $3N-6$）个自由度。以上 N 为原子数。

由统计力学可知，在经典处理中经常认为粒子的转动为刚性转动，将粒子的

平动视为自由粒子在无限深势阱中，并用积分代替求和。反应物 A 的平动配分函数 Q_t^A、转动配分函数 Q_r^A、振动配分函数 Q_v^A 和电子配分函数 Q_e^A 分别为

$$Q_t^A = \frac{(2\pi m k_B T)^{3/2} V}{h^3} \tag{2-20}$$

$$Q_r^A = \frac{\sqrt{8\pi I_a I_b I_c}(k_B T)^{3/2}}{\sigma \hbar^3} \tag{2-21}$$

$$Q_v^A = \prod_i \left[1 - \exp(\hbar\omega_i / k_B T)\right]^{-1} \tag{2-22}$$

$$Q_e^A = g_e \tag{2-23}$$

式中，m 为反应物 A 的质量；V 为标准大气压下的体积；I_a、I_b、I_c 为反应物 A 的基本转动惯量；h 为普朗克常数，$6.626 \times 10^{-34} \text{J} \cdot \text{s}$；$\hbar = h / 2\pi$；$\sigma$ 为反应物到产物等价的反应通道数；k_B 为玻尔兹曼常数，$1.38 \times 10^{-23} \text{J} \cdot \text{K}^{-1}$；$\omega_i$ 为第 i 个振动频率。

此外，单分子转化频率 $\upsilon(T)$ 沿反应坐标与反应坐标上的配分函数 Q_s 总是满足以下关系：

$$\upsilon(T)Q_s = \frac{k_B T}{h} \tag{2-24}$$

结合式(2-16)～式(2-24)可以推导出速率系数 $k(T)$ 的表达式：

$$k(T) = \frac{k_B T}{h} \frac{Q^{\neq}(T)}{\phi^R(T)} e^{-V^{\neq}/k_B T} \tag{2-25}$$

式中，$V^{\neq}$ 为过渡态结构 $AB^{\neq}$ 与反应物 $A+B$ 的势能差。

传统过渡态理论(CTST)认为化学反应的过渡态对应化学反应势能面上连接反应物和产物的最低能量路径上的最高点，即将分割面选在 $s = 0$ 的过渡态处，认为过渡态处于势能面的鞍点位置。通过量子化学计算获得过渡态的参数，即可根据式(2-25)计算化学反应速率系数。

一般而言，对于存在明显势垒的化学反应，传统过渡态理论能够给出准确性较高的速率系数。然而在低温区域，传统过渡态理论常常表现出较大误差，这是由于温度较低时，量子隧道效应增强，因此需要在原有速率系数的基础上引入穿透因子 $\kappa(T)$。

2.2.2 变分过渡态理论

对于无过渡态的化学反应，无法轻易确定最佳过渡态分隔面的位置，因此需采用变分过渡态理论[110-112](variational transition state theory，VTST)进行判断。

变分过渡态理论又称广义过渡态理论(generalized transition state theory，

GTST)。与传统过渡态理论不同，变分过渡态理论并不认为过渡态与势能面鞍点的构型是同一个，而是采用变分方法在反应物和产物之间的最小能量路径上移动分割面，用反应速率最小的方法来保证返回效应最小。根据采用变分函数的不同，变分过渡态理论又可以分为正则变分过渡态理论[113,114](canonical variational transition state theory，CVT)、改进的正则变分过渡态理论[115](improved canonical variational transition state theory，ICVT)和微正则变分过渡态理论[113](microcanonical variational transition state theory，μCVT)。

传统过渡态理论让分隔面通过鞍点，仅提供了经典微正则变分过渡态速率系数的上限值。变分过渡态理论的变分方法使得穿越分隔面的轨线数最小，从而消除瓶颈效应。通常在变分过渡态理论中以反应坐标 s 作为变量，选取过渡态结构 $AB^{\neq}$ 与反应物 $A+B$ 的势能差 $V^{\neq}(s)$ 最大时的 s 作为分隔面对速率系数进行计算。根据式(2-25)，选择反应坐标 $s \neq 0$ 位置作为分隔面，可以得到广义过渡态理论速率系数 $k^{GT}(s,T)$ 计算式：

$$k^{GT}(s,T) = \frac{k_B T}{h} \frac{Q^{\neq}(T)}{\phi^R(T)} e^{-V^{\neq}(s)/k_B T} \tag{2-26}$$

基于正则变分过渡态理论，在给定的温度 T 下，沿反应坐标对 $k^{GT}(s,T)$ 进行变分处理，在 $s = s_*$ 处取得极小值即为正则变分过渡态理论速率系数 $k^{CVT}(s,T)$ 计算公式：

$$k^{CVT}(s,T) = \min_s k^{GT}(s,T) = k^{GT}(s_*,T) \tag{2-27}$$

2.2.3 量子隧道效应

过渡态理论仅考虑了能量高于势垒的分子，但是仍有一部分能量低于势垒的分子也可越过势垒生成产物。因此，低温区域通过过渡态理论获得的反应速率系数偏低，需要考虑量子隧道效应。如果在原有速率系数计算的基础上引入穿透因子 $\kappa(T)$，此时反应体系的速率系数公式为

$$k(T) = \kappa(T) \frac{k_B T}{h} \frac{Q^{\neq}(T)}{\phi^R(T)} e^{-V^{\neq}/k_B T} \tag{2-28}$$

Wigner 校正方法[116]是最简单、最普遍的量子隧道效应处理方法之一，其认为量子隧道效应选择的路径是一维的，仅考虑反应体系过渡态虚频，因此穿透因子 $\kappa(T)$ 表达式为

$$\kappa(T) = 1 + \frac{1}{24} \left(\frac{h \operatorname{lm}(\nu)^{\neq}}{k_B T} \right)^2 \tag{2-29}$$

式中，$\operatorname{lm}(\nu)^{\neq}$ 为过渡态的虚频。

　　量子隧道效应选择的路径与反应体系的势能面关系密切。因此,只有反应路径附近的信息是不够的,还需要更多的势能面信息。计算量子隧道效应的方法[105]可以分为零曲率隧道效应校正方法、大曲率隧道效应校正方法和小曲率隧道效应校正方法。零曲率隧道效应校正方法假设最可几隧道效应路径反应的是最小能量路径,简化了计算过程,但是适用范围较窄。大曲率隧道效应校正方法需要较多的势能面信息,计算相对复杂,这里不做讨论。小曲率隧道效应校正方法[117]假设只需要获得反应路径附近的势能面信息即可,下面对小曲率隧道效应校正方法进行介绍。

　　如果系统粒子以有效折合质量 μ_{eff} 在反应坐标 s 确定的一维绝热振动势能曲线 $V_a^G(s)$ 上运动,则绝热振动基态势能曲线可表示为

$$V_a^G(s) = V_{\text{MEP}}^G(s) + \varepsilon_{\text{int}}^G(s) \tag{2-30}$$

式中,$V_{\text{MEP}}^G(s)$ 为沿最小势能曲线核运动的基态势能剖面;$\varepsilon_{\text{int}}^G(s)$ 为零点振动能。

　　如果采用简谐振动近似,则有

$$\varepsilon_{\text{int}}^G(s) = \frac{1}{2}\hbar\sum_{m=1}^{F-1}\omega_m(s) \tag{2-31}$$

式中,F 为全部振动自由度个数;$\omega_m(s)$ 为第 m 个振动频率。

　　因此,绝热振动基态势能为

$$V_a^G(s) = V_{\text{MEP}}^G(s) + \frac{1}{2}\hbar\sum_{m=1}^{F-1}\omega_m(s) \tag{2-32}$$

　　考虑了曲率作用之后,反应体系的 Hamilton 算符可表示为

$$H = \frac{1}{2\mu}\left[\frac{P_s - \sum_{K=1}^{F-1}Q_K B_{KL}P_K}{1 + \sum_{K=1}^{F-1}Q_K B_{KF}}\right]^2 + V_a^G(s) \tag{2-33}$$

式中,P_s 为沿反应坐标的共轭动量;Q_K 为垂直于反应坐标的正则振动坐标;P_K 为垂直于反应坐标的正则共轭动量;B_{KL} 为垂直于反应坐标的正则振动坐标之间的耦合系数;B_{KF} 为垂直于反应坐标的正则振动坐标与反应坐标的耦合系数。

　　由于振动之间的耦合相对很小,B_{KL} 便可以略去,则可得到:

$$\begin{cases} H = \dfrac{P_s^2}{2\mu}A + V_a^G(s) \\ A = \dfrac{1}{(1 + \sum\limits_{K=1}^{F-1}Q_K B_{KF})^2} \end{cases} \tag{2-34}$$

令

$$\mu_{\text{eff}} = \frac{\mu}{(1 + \sum_{K=1}^{F-1} Q_K B_{KF})^2} = \mu A = \mu (1 + \sum_{K=1}^{F-1} Q_K B_{KF})^2 \tag{2-35}$$

μ_{eff} 与路径曲率有关。如果穿透因子 $\kappa = \sum_{K=1}^{F-1} B_{KF}(s)$ 为零，则有 $\mu_{\text{eff}} = \mu$。该校正方法称为零曲率隧道效应校正方法。如果已知有效折合质量 μ_{eff} 和绝热振动基态势能 $V_a^G(s)$，便可以得到穿透因子 $\kappa(T)$ 的计算公式：

$$\begin{aligned} \kappa(T) &= \frac{\int_0^\infty P(E) \exp(-\beta E) \mathrm{d}E}{\int_0^\infty \theta\{E - V_a^G(s_0)\} \exp(-\beta E) \mathrm{d}E} \\ &= \frac{\int_0^\infty P(E) \exp(-\beta E) \mathrm{d}E}{\int_{V_a^G(s_0)}^\infty \exp(-\beta E) \mathrm{d}E} \\ &= \beta \exp[\beta V_a^G(s_0)] \int_0^\infty P(E) \exp(-\beta E) \mathrm{d}E \end{aligned} \tag{2-36}$$

式中，$P(E)$ 的表达式为

$$P(E) = \left[1 + \left(2\hbar^{-1} \int_{s<}^{s>} \left\{ 2\mu_{\text{eff}} \left[V_a^G(s) - E \right]^{1/2} \right\} \mathrm{d}s \right) \right]^{-1} \tag{2-37}$$

$\theta\{E - V_a^G(s_0)\}$ 的表达式为

$$\theta\{E - V_a^G(s_0)\} = \hbar^{-1} \int_{s<}^{s>} \left\{ 2\mu_{\text{eff}} \left[V_a^G(s) - E \right]^{1/2} \right\} \mathrm{d}s \tag{2-38}$$

这样即可得到小曲率隧道效应近似条件下的穿透因子 $\kappa(T)$。

本章基于 2.1 节计算获得了气体绝缘介质分解路径中每个粒子(反应物、过渡态结果和生成物)的优化几何结构、能量和振动频率等基础微观数据，这些数据为采用 GTST 方法和 VTST 方法计算化学反应平衡常数和速率系数提供了重要参数。

2.3 化学动力学模型

气体绝缘介质特征分解产物很难重新复合成为原始绝缘介质分子。在特征分解产物的演化过程中，一方面，由于化学反应速率系数有限，达到化学平衡需要一定的时间(弛豫时间)，而温度的迅速衰减使得化学反应的弛豫时间将大于粒子对流、扩散及暂态变化的特征时间，导致产物的演化过程偏离化学平衡；另一方面，体系内部粒子数减少，电子碰撞频率同时降低，电子能量无法频繁有效地通过弹性碰撞转移给重粒子，导致电子温度高于重粒子温度，分解体系偏离局部热平衡。因此，非平衡态效应对于研究气体绝缘介质分解产物演化规律显得非常重要。对于偏离局部热平衡模型，人们分开考虑了电子温度 T_e 和重粒子温度 T_h，利用 Guldberg-Waage 方程和 Saha 方程对 SF_6 等离子组分的动态特性进行研究[30,118,119]。对于化学非平衡问题的求解，化学动力学模型是较为有效的手段之一[23]。因此，为同时考虑气体绝缘介质分解产物演化过程中的非热力学平衡效应和非化学平衡效应，需要借助化学动力学模型并分开考虑重粒子温度和电子温度[33]。

化学动力学模型得到了著名科学家 Gleizes 和 Coufal 的推荐，在 SF_6 电弧等离子组分计算领域受到了广泛认可和应用[29,33,118,120]。该模型假设没有施加恢复电压，粒子的能量分布函数遵循麦克斯韦分布，化学反应速率与电场强度无关。假设系统 S 为封闭系统，系统中所有组分演化过程服从质量守恒、元素守恒和化学计量数守恒。基于上述假设，化学动力学模型通过求解固定压力下组分含量随时间变化的方程组获得动态演化特性。

假设系统 S 中包含 N 个不同粒子 $\{c_1,c_2,\cdots,c_N\}$，则系统 S 可以表示为

$$S=\{c_1,c_2,\cdots,c_N\} \tag{2-39}$$

式中，c_i 为系统 S 中第 i 个粒子。

如果系统 S 由 L 种化学元素 $\{e_1,e_2,\cdots,e_L\}$ 构成，那么每个粒子 c_i 可以线性表示为不同化学元素的组合：

$$c_i=\sum_{j=1}^{L}a_{ji}e_j, \quad i=1,2,\cdots,N \tag{2-40}$$

式中，a_{ji} 为粒子 c_i 中化学元素 e_j 的计量数。

系统 S 的粒子动力学组分构成可用粒子的物质的量表示或者用在单位体积内的物质的量表示：

$$n(t)=\{n_1(t),n_2(t),\cdots,n_L(t)\} \tag{2-41}$$

$$y(t)=\{y_1(t),y_2(t),\cdots,y_L(t)\} \tag{2-42}$$

式中，t 为时间(s)；$n(t)$ 为系统 S 内粒子的物质的量(mol)；$y(t)$ 为系统 S 内粒子在单位体积内的物质的量(mol·m^{-3})；$n_i(t)$ 为粒子 c_i 的物质的量(mol)；$y_i(t)$ 为粒子 c_i 在单位体积内的物质的量(mol·m^{-3})。

如果整个系统 S 质量守恒，则需满足元素守恒：

$$b_j=\sum_{i}^{N}a_{ji}n_i(t), \quad j=1,2,\cdots,L \tag{2-43}$$

式中，b_j 为系统 S 中化学元素 e_j 的总物质的量。

假设系统 S 中发生 M 个化学反应 $\{R_1, R_2, \cdots, R_M\}$，第 k 个可逆化学反应 R_k 可以用粒子和化学计量数表示为

$$R_k : \sum_{i=1}^{N} \upsilon_{ki} c_i \longleftrightarrow \sum_{i=1}^{N} \upsilon'_{ki} c_i, \quad k = 1, 2, \cdots, M \tag{2-44}$$

式中，υ_{ki} 为正向化学反应 R_k 的化学计量数；υ'_{ki} 为逆向化学反应 R_k 的化学计量数。

化学反应 R_k 的反应率 w_k 为

$$w_k = \frac{1}{\upsilon_{ki} - \upsilon'_{ki}} \left(\frac{\partial y_i}{\partial t} \right)_k \tag{2-45}$$

根据质量作用定律，反应率 w_k 还可以用速率系数表示：

$$w_k = r_k(T) \prod_{\alpha=1}^{N} y_\alpha^{\upsilon_{k\alpha}} \tag{2-46}$$

式中，$r_k(T)$ 为化学反应 R_k 的速率系数。

因此，联合式(2-45)和式(2-46)可得到化学反应 R_k 对于粒子 c_i 的净生成作用：

$$\left(\frac{\partial y_i}{\partial t} \right)_k = (\upsilon_{ki} - \upsilon'_{ki}) r_k(T) \prod_{\alpha=1}^{N} y_\alpha^{\upsilon_{k\alpha}} \tag{2-47}$$

粒子 c_i 的总物质的量变化率可以表示为所有化学反应对其净生成作用之和，即得到描述系统 S 中粒子 c_i 的动力学方程(粒子 c_i 的净生成率)：

$$\frac{\mathrm{d} n_i(t)}{\mathrm{d} t} = \sum_{k=1}^{m} (\upsilon'_{ik} - \upsilon_{ik}) V(t)^{1 - \sum_{i=1}^{N} \upsilon_{ik}} r_k(T) \prod_{l=1}^{N} n_l^{\upsilon_{lk}} \tag{2-48}$$

本书建立化学动力学模型所需的反应及其速率系数，均根据 2.1 节、2.2 节计算获得。上述模型实则为单温化学动力学模型的理论基础，可以解决非化学平衡的问题，但是不能解决非热力学平衡的问题。在非热力学平衡效应存在的情况下，电子温度通常高于重粒子温度，因此有必要分开考虑电子温度和重粒子温度，从而建立更加贴近实际情况的双温化学动力学模型(其余基本方程和参数与单温化学动力学模型相同)。根据西安交通大学研究团队[33]的推荐，电子温度 T_e 和重粒子温度 T_h 存在如下关系：

$$\begin{aligned} \theta_e &= T_e / T_h \\ &= 1 + A \ln \left(\frac{n_e}{n_e^{\max}} \right) \end{aligned} \tag{2-49}$$

式中，n_e 为电子密度；$n_e^{\max}$ 为系统 S 中电子的最大密度，通常在系统处于平衡时获得；$A = -0.17$。

基于模型假设,系统中化学反应速率系数仅是温度的函数。当反应两边均含有电子时,正向反应速率系数和逆向反应速率系数采用 T_e 来计算;当反应两边均无电子参与时,利用 T_h 计算速率系数;其余反应则引入过渡温度 T^* 来计算速率系数:

$$\begin{cases} T^* = T_e - (T_e - T_h)\exp(-R) \\ R = \dfrac{n_e \overline{v}_e}{\sum\limits_i n_h \overline{v}_h} \end{cases} \tag{2-50}$$

式中,n_h 为重粒子密度;$\overline{v}_h$、$\overline{v}_e$ 分别为重粒子和电子的平均麦克斯韦速度,计算公式如下:

$$\begin{cases} \overline{v}_h = \sqrt{\dfrac{8RT_h}{\pi M_h}} \\ \overline{v}_e = \sqrt{\dfrac{8RT_e}{\pi M_e}} \end{cases} \tag{2-51}$$

式中,M_e、M_h 分别为电子和重粒子的质量。

2.4 气体绝缘介质特征分解产物检测方法

2.4.1 气相色谱法

气相色谱法具有高分离能力、高效性和高灵敏度的优势,是国标 IEC 60480—2004 和 GB/T 18867—2002 所推荐的方法,也是国内外学者采用最多的检测手段之一,可以实现对 SF_6 分解混合组分 SOF_2、SO_2F_2 和 SO_2 的定量定性分析。气相色谱法根据固定相对流动相中各组分吸附或溶解的能力不同,从而实现待测气体分离和检测。在运行分析时,待测气体由载气(流动相)带入进样口,通过色谱柱(固定相),并根据待测气体中不同组分在色谱柱中有不同保留时间,从而实现气体组分分离。分离后的气体依次进入检测器得到检测信号,通过对比导入检测器的先后次序可以判断气体组分,根据检测信号峰面积可以计算组分含量。

本书选用 Agilent-7890B 型气相色谱仪,利用特氟龙软管连接采样袋进气口和色谱仪进样口,对火花放电下 SF_6 分解产物进行精确检测。Agilent-7890B 型气相色谱仪具有强大的微板电流控制技术,缩短了样品前处理时间,提高了数据可靠性。例如,反吹技术可以将残留组分从色谱柱反吹出去并从分流出口放空,有效消除 SF_6 背景气体对分解组分的干扰,从而提高生产率,缩短运行时间,避免色谱柱污染。内置的氢气安全功能和氢气保存模式极大地降低了分析运行中氢气的消耗,使得本书实验更加经济、安全。Agilent-7890B 型气相色谱仪的主要组成

部分如下:

(1) 载气系统。气相色谱仪的流动相是气体,即载气,选用的载气应不与被分离的样品发生相互作用。载气会影响色谱柱柱相、监测器性能和分析速度等。Agilent-7890B 型气相色谱仪利用氦气作为载气,通过在载气管路上加装净化器(内装硅胶和 5A 分子筛)以去除氦气中水蒸气、氧气和烃类杂质,保证色谱柱的分离效率。

(2) 进样系统。Agilent-7890B 型气相色谱仪有下列类型的进样口可供选择:分流/不分流、多模式、吹扫填充、冷柱头、程序控制的升温气化和挥发性物质分析接口。本书采用分流毛细管进样口,使用进样针手动进样。分流进样法指先将较大体积的样品量注入载气流中,样品和载气混合均匀,通过分流器,载气和样品被分成两个流量悬殊的部分,其中流量较小部分进入色谱柱,流量较大部分放空。这样可以保证少量进样,填充柱不会超载,确保色谱柱的高效分离能力。选择适当的分流比也很重要,如果分流比很大,大部分样品被分流掉,出峰很小,或者不出峰;如果分流比很小,大多数样品进入色谱柱,容易使峰变宽,形成前伸峰。本书设置的分流比为 1:25,这时样品组分的谱带扩展很小,色谱峰峰形尖锐。

(3) 柱箱和色谱柱。柱箱的用途是通过色谱仪的程序控制来给色谱柱升温、降温或者保持恒温,目的是既保证待测气体进入色谱柱后完全分离,又保证所有组分能流出色谱柱,且分析时间越短越好。Agilent-7890B 型气相色谱仪柱箱温度的精度为 1℃,范围为室温以上 4~450℃,升温速度为 0.1~120℃ · min^{-1}。在 22℃室温条件下,柱箱从 450℃降至 50℃不超过 6min。Agilent-7890B 型气相色谱仪的色谱柱位于温度控制柱箱的内部,一端连接进样口,另一端连接检测器。常见的色谱柱按用途可分为常规分析柱、窄径柱、半制备柱、毛细管柱等。本书采用尺寸为 60.5m、0.32mm、0mm 的毛细管柱,可以很好地实现 SF_6 分解待测气体的分离。

(4) 检测系统。当每种化合物进入检测器时,检测器会产生与已标定好的化合物的量成正比的电子信号。此信号通常会被发送到数据分析系统,显示为色谱图上的峰。Agilent-7890B 型气相色谱仪采用氢火焰离子化检测器(FID)。氢火焰离子化检测器具有灵敏度高(10^{-13}~10^{-10}g · s^{-1}),基流小(10^{-14}~10^{-13}A),线性范围宽(10^6~10^7),体积小($\leqslant 1\mu L$),响应快(1ms),对气体流速、压力和温度变化不敏感等优点,可以和毛细管柱直接联用。氢火焰离子化检测器以空气为助燃气,使得待测气体在空气燃烧的火焰下发生化学电离,产生比基本电流高出几个数量级的离子。这些离子在强电场的作用下形成定向离子流,经过高阻放大,输出可用于定量分析的电子信号。Agilent-7890B 型气相色谱仪最多可容纳三个检测器:前检测器、后检测器和辅助检测器。

不同气体组分在色谱柱中有不同保留时间,从而可以实现气体组分分离,通过对比导入检测器的先后次序可以判断气体组分，根据检测信号峰面积可以计算组分含量。在色谱仪同等工作条件下，对采集的样气进行分析得到色谱图，最后对照不同标准气体(简称标气)的保留时间来确定气体组分，采用峰面积外标法计算浓度，计算公式为

$$c_i = \frac{c_{s,i}}{A_{s,i}} A_i = K_i A_i \tag{2-52}$$

式中，c_i 为样气中第 i 组标气的体积分数；$c_{s,i}$ 为样气中第 i 组标气对应特征气体的体积分数；A_i 为样气中第 i 组标气的峰面积；$A_{s,i}$ 为样气中第 i 组标气对应特征气体的峰面积；K_i 为绝对校正因子。

2.4.2 气相色谱-质谱检测方法

本书采用气相色谱-质谱联用仪(gas chromatography-mass spectrometry，GC-MS)对局部过热故障下的 C_4F_7N 分解产物、放电故障下的 $C_5F_{10}O$ 分解产物进行检测。该设备分别由气相色谱仪与气相质谱仪组装而成，实验气体经由气管进入设备，通过气相色谱仪对气体进行分离，分离后由气相质谱仪对气体进行精确定性分析。

气相色谱仪采用 Agilent-7890B，该设备包括载气系统、进样系统、检测系统等。本书检测过程采用高纯度氦气作为载气，在实验气体进入色谱仪时，载气系统启动，少量实验气体随氦气流入进样区；进样区为实验气体进入检测系统前的整流定量区域，气体流量与流速会影响色谱柱对于实验气体的分离及检测效率，故通过操作界面设定进样区参数后，为了优化实验检测结果，本书采用了分流毛细管进样口，并配合手动进样操作，所设定的分流比为 20:1，分流流量为 $40mL \cdot min^{-1}$；最终气体流入检测系统，该系统主要包含了色谱柱模块，色谱柱主要用于实验样品的分离与识别，利用样气中不同组分所设定的配分系数的差异，使得不同组分在柱中停留时间不同，即气体流动速度不同，将气体进行组分拆分，并将其中相关信息进行汇总，在专用软件上生成色谱图对气体进行定量分析。

气相质谱仪型号为 Agilent-5977B，该设备主要用于将气相色谱仪分离后的样气组分进行精确检测，从而进行组分定性。当样气进入质谱仪后，设备内部使用离子束将气体中的组分打散，得到不同气体的离子碎片，并从中筛选携带正电的粒子，根据不同粒子特性汇集得到质谱图，最终根据荷质比的不同对粒子进行分辨定性。

2.5 本章小结

本章对基于量子化学基础理论、过渡态理论、化学动力学模型和分解产物检

测方法的气体绝缘介质分解机制及特征分解产物演化规律研究方法进行了详细介绍。研究气体绝缘介质分解产物演化规律可以借助等离子体化学动力学模型，而准确获取速率系数是保证化学动力学模型准确性的关键。气体绝缘介质分解路径及其中各粒子的微观数据(如电子能量、振动频率、过渡态结构等)是计算气体绝缘介质分解化学反应速率系数的重要基础，是建立化学动力学模型研究气体绝缘介质分解产物演化规律的先决条件，可以借助量子化学方法计算得到。在此基础上，利用过渡态理论计算获得气体绝缘介质分解反应速率系数，建立化学动力模型并结合特征分解产物检测方法即可获得气体绝缘介质分解产物演化规律。

第 3 章　SF₆ 气体分解机制及特征分解产物演化规律

本章采用量子化学方法建立 SF₆ 微观分解模型，研究微水微氧杂质、Cu 金属蒸气和 PTFE 材料蒸气影响下的 SF₆ 分解过程及特征分解产物形成途径，获得 SF₆ 分解所涉及的化学反应及其反应动力学势能面、能量和振动频率等理论数据，利用过渡态理论研究获得 SF₆ 分解速率系数，结合化学动力学模型揭示 SF₆ 特征分解产物演化规律。

3.1　微水微氧杂质影响下的 SF₆ 气体分解机制及特征分解产物演化规律

由于 SF₆ 分解机理和途径仅取决于微观反应机理，本章研究得到的 SF₆ 分解体系适用于不同的故障类型(电弧、局部放电、火花、局部过热等)，获得的化学反应理论上在不同的故障类型中均有可能发生，因此 SF₆ 分解机理和途径不受故障类型影响。但是，在不同的故障类型下，SF₆ 分解体系中的化学反应是否作用明显，还需要对其速率系数进行分析，不同温度下的速率系数在宏观上使得不同故障类型下的 SF₆ 分解体系出现差异。由于微水微氧是诱导 SF₆ 分解形成腐蚀性特征气体的关键因素，这些产物的类型和含量可用于电气设备运行状态监测和寿命评估。由于 SF₆ 分解机理和途径取决于相关反应机理，而与故障类型无关，本章从微观反应机理角度出发，研究了 SF₆ 气体在微水微氧杂质作用下的分解机制与特征分解产物。

3.1.1　微水微氧杂质影响下的 SF₆ 气体分解路径与机理

为方便后面叙述，在本小节率先给出微水微氧下 SF₆ 分解路径，如图 3-1 所示。可以看出，SF₆ 气体在微水微氧杂质存在的情况下会沿着三条主要路径 1、2、3 进行分解。本小节构建的微水微氧下 SF₆ 气体分解体系共涉及 19 个化学反应(其中，7 个化学反应 T1~T7 具有过渡态结构，其余 12 个化学反应 B1~B12 没有过渡态结构)和 20 种粒子(F、HF、FOH、HFO、H₂O、SOF₂、SO₂F₂、F₃SOO、SF₃、SOF₃、HOSOF₃、SF₄、SOF₄、SF₄OH、HOSOF₄、SF₄(OH)₂、SF₅、SOF₅、SF₅OH、S₂OF₁₀)，如表 3-1 所示。8 个化学反应 T2、B1~B5、B11 和 B12 通过总结文献获得，其余 11 个化学反应则由本书提出，在文献和数据库中未见报道。

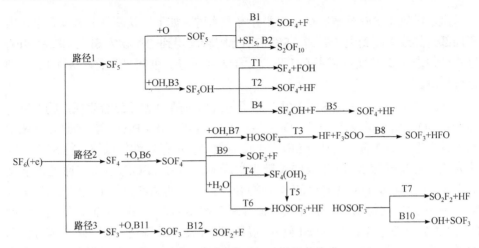

图 3-1　微水微氧下 SF₆ 分解路径

表 3-1　微水微氧下 SF₆ 分解体系中的化学反应

路径	有过渡态的化学反应 (T^a)			无过渡态的化学反应 (B^b)		
	序号	化学反应	来源	序号	化学反应	来源
1				B1	$SF_5 \longrightarrow SF_4 + F$	Piemontesi 等[15]
				B2	$SF_5 + SF_5 \longrightarrow S_2OF_{10}$	Piemontesi 等[15], Vial 等[121]
	T1	$SF_5OH \longrightarrow SF_4 + FOH$	c	B3	$SF_5 + OH \longrightarrow SF_5OH$	Piemontesi 等[15]
				B4	$SF_5OH \longrightarrow SF_4OH + F$	Piemontesi 等[15]
	T2	$SF_5OH \longrightarrow SOF_4 + HF$	Piemontesi 等[15]	B5	$SF_4OH + F \longrightarrow SOF_4 + HF$	Piemontesi 等[15]
2	T3	$HOSOF_4 \longrightarrow HF + F_3SOO$	c	B6	$SF_4 + O \longrightarrow SOF_4$	c
	T4	$SOF_4 + H_2O \longrightarrow SF_4(OH)_2$	c	B7	$SOF_4 + OH \longrightarrow HOSOF_4$	c
	T5	$SF_4(OH)_2 \longrightarrow HOSOF_3 + HF$	c	B8	$HF + F_3SOO \longrightarrow SOF_3 + HFO$	c
	T6	$SOF_4 + H_2O \longrightarrow HOSOF_3 + HF$	c	B9	$SOF_4 \longrightarrow SOF_3 + F$	c
	T7	$HOSOF_3 \longrightarrow SO_2F_2 + HF$	c	B10	$HOSOF_3 \longrightarrow OH + SOF_3$	c
3	—	—	—	B11	$SF_3 + O \longrightarrow SOF_3$	Cheung 等[122]
	—	—	—	B12	$SOF_3 \longrightarrow SOF_2 + F$	Cheung 等[122]

a、T1～T7 表示有过渡态的化学反应。

b、B1～B12 表示无过渡态的化学反应。

c 表示由本书提出并研究的化学反应。

微水微氧中 SF_6 分解路径及主要分解产物讨论如下。从图 3-1 可以看出，由于局部过热或者受到电子碰撞，SF_6 初期分解阶段得到的产物为 SF_5、SF_4 和 SF_3，这些产物进一步与 H_2O 或者 OH 和 O 原子发生反应，使得 SF_6 沿着路径 1、2、3 进行分解。

在路径 1 中，一方面 SF_5 中的 S 原子与游离态的 O 原子结合生成产物 SOF_5，即产物 SOF_5 由化学反应 $SF_5 + O \longrightarrow SOF_5$ 得到。Van Brunt 等[123]研究发现 O 原子具有很高的能量，极易与 SF_5 发生反应复合生成稳定性较低的产物 SOF_5，并认为该反应是导致 SOF_5 生成的关键化学反应。随后，SOF_5 不仅将通过化学反应 B1($SOF_5 \longrightarrow SOF_4 + F$)分解生成产物 $SOF_4 + F$，也将经过化学反应 B2($SOF_5 + SF_5 \longrightarrow S_2OF_{10}$)与 SF_5 结合生成特征分解产物 S_2OF_{10}。另一方面，低氟硫化物 SF_5 除了会与 O 原子结合并按上述过程反应以外，还会与微水分解得到的高能 OH 粒子结合生成稳定性较低的化合物 SF_5OH。接下来，SF_5OH 则通过化学反应 T1($SF_5OH \longrightarrow SF_4 + FOH$)、T2($SF_5OH \longrightarrow SOF_4 + HF$)和 B4($SF_5OH \longrightarrow SF_4OH + F$)分别分解得到产物 $SF_4 + FOH$、$SOF_4 + HF$ 和 $SF_4OH + F$。其中，产物 SF_4OH 中的 H 原子会被游离态 F 原子吸引，导致 O—H 键断裂并形成 H—F 键，即 SF_4OH 会通过化学反应 B5($SF_4OH + F \longrightarrow SOF_4 + HF$)生成产物 $SOF_4 + HF$。Sauers[17]认为化学反应 B5 将消耗 F 原子从而降低 SF_5 或 SF_4 转化为 SF_6 的速率，同时促进关键特征分解产物 SOF_4 的生成。Van Brunt 等[123]指出多数 SOF_5 会解离产生 SOF_4，少数则参与化学反应 B2 形成特征分解产物 S_2OF_{10}。Yamada 等[124]利用矩阵隔离技术检测到 SF_6 与微水反应的产物有 FOH 和 SF_4OH，从而验证了计算得到的 SF_6 分解过程中化学反应 T1 和 B4 存在的可能。

在路径 2 中，SF_6 解离产物 SF_4 参与化学反应 B6($SF_4 + O \longrightarrow SOF_4$)与微氧分解得到的高能 O 原子结合形成特征分解产物 SOF_4，此外上文提到的化学反应 B1、T2 和 B5 也会生成 SOF_4。SOF_4 将进一步分解产生 $SOF_3 + F$(化学反应 B9)或者与 OH 粒子结合为 $HOSOF_4$(化学反应 B7)，也会参与化学反应 T3 分解为 HF + F_3SOO。其中，产物 F_3SOO 中的 O 原子被 HF 吸引从而脱离 F_3SOO，形成产物 $SOF_3 + HFO$(化学反应 B8)。此外，SOF_4 还会直接与 H_2O 分子结合生成 $SF_4(OH)_2$(化学反应 T4)或者 $HOSOF_3 + HF$(化学反应 T6)。其中，产物 $SF_4(OH)_2$ 将进一步分解为 $HOSOF_3 + HF$(化学反应 T5)，而化学反应 T6 中的产物 $HOSOF_3$ 则通过化学反应 T7 和 B10 分解成为 $SO_2F_2 + HF$ 和 OH + SOF_3。

在路径 3 中，O 原子与低氟硫化物 SF_3 中的 S 原子形成 S—O 键，即产物 SOF_3 通过化学反应 B11($SF_3 + O \longrightarrow SOF_3$)生成，$SOF_3$ 则经历化学反应 B12 分解为产物 $SOF_2 + F$。Ryan 等[125]认为化学反应 B11 和 B12 是 SF_6 蚀刻硅过程中的关键反应。

1. 过渡态的化学反应

1) 过渡态优化结构

化学反应 T1~T7 的过渡态优化结构 TS1~TS7 如图 3-2 所示。过渡态优化结构 TS1 的虚频振动模式表现为 O—S 键的伸缩振动以及 F 原子在 O、S 原子间的迁移振动，表明 SF₅OH 中 O—S 键、S—F 键断裂，O—F 键形成。过渡态优化结构 TS2 的虚频振动模式表现为 H—O 键的伸缩振动，表明 SF₅OH 中 H—O 键有断裂趋势。TS3 的虚频振动模式表现为 H—O 键的伸缩振动以及 F 原子在 H、S 原子间的迁移振动，表明 H、F 原子将脱离 HOSOF₄，结合为 HF 分子。过渡态优化结构 TS4 的虚频振动现象显示该结构中的一个 H 原子在两个 O 原子之间进行伸缩振动，说明相应化学反应 T4 中的 SOF₄ 分子将吸引 H₂O 分子中的一个 H 原子，使原有的 H—O 键断裂。TS5 的虚频振动分析显示该结构中的一个 O—H 键进行伸缩振动的同时，附近的一个 F 原子受到该 H 原子吸引，在 S、H 原子间迁移振动，表明 H、F 原子将同时脱离 SF₄(OH)₂ 分子并重新结合为 HF 分子。过渡态优化结构 TS6 的虚频振动情况为 F 原子在 S、H 原子之间的迁移振动，而该 H 原子所在的 H—O 键同时进行伸缩振动，表明化学反应 T6 中 H₂O 分子的 H—OH 键将断开，脱离的 H 原子将吸引 SOF₄ 中的 F 原子使其脱离 S 原子的束缚。过渡态优化结构 TS7 的虚频振动模式表现为 F 原子在 O、H 之间迁移振动以及 H—O 键的伸缩振动，说明 HOSOF₃ 分子中原有的 S—F 键和 H—O 将断开，而新的 H—F 键将形成。本小节还对化学反应 T1~T7 的过渡态优化结构 TS1~TS7 进行内禀反应坐标[126](intrinsic reaction coordinate, IRC)计算，结果表明这些过渡态优化结构沿反应坐标指向各自化学反应的反应物和生成物，从而证实计算得到的过渡态优化结构 TS1~TS7 分别为化学反应 T1~T7 的过渡态结构。

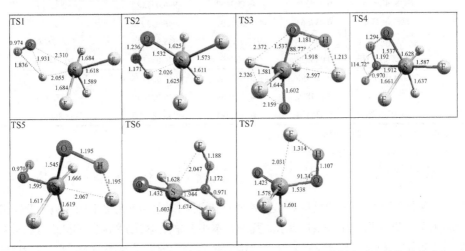

图 3-2　化学反应 T1~T7 的过渡态优化结构 TS1~TS7(键长单位为 Å，键角单位为°)

2) 粒子能量和频率

本小节获得了化学反应 T1～T7 的反应物、生成物和过渡态优化结构 TS1～TS7 的能量信息，包括零点能(zero point energy，ZPE)、单点能(single point energy，SPE)、总能量 E_{total}，以及以反应物能量为参照的相对能量 $E_{relative}$。上述计算得到的能量信息如表 3-2 所示。其中，为了得到更加精确的能量信息，SPE 采用更高水平的 CCSD(T)/aug-cc-pVDZ 方法计算，其余能量信息仍采用 B3LYP/6-311G(d,p)方法计算。

表 3-2 化学反应 T1～T7 的反应物、生成物和过渡态优化结构 TS1～TS7 的能量信息

序号	粒子	ZPE /a.u.[a]	SPE/a.u.[b]	E_{total}/a.u.[c]	$E_{relative}$/(kcal · mol^{-1})
T1	SF$_5$OH	0.031012	−970.081196	−970.050184	0
	TS1	0.024478	−969.829684	−969.805206	153.726469
	SF$_4$ + FOH	0.024713	−969.949478	−969.924765	63.194167
T2	SF$_5$OH	0.031012	−970.081196	−970.050184	0
	TS2	0.026009	−969.999181	−969.973172	48.325873
	SOF$_4$ + HF	0.025914	−970.064039	−970.038125	7.567334
T3	HOSOF$_4$	0.030687	−945.450158	−945.419471	0
	TS3	0.025466	−945.382240	−945.356774	39.342798
	HF + F$_3$SOO	0.025041	−945.451548	−945.426507	−4.414963
T4	SOF$_4$ + H$_2$O	0.037863	−946.071801	−946.033938	0
	TS4	0.038745	−946.010332	−945.971587	39.125812
	SF$_4$(OH)$_2$	0.042482	−946.087420	−946.044938	−6.902291
T5	SF$_4$(OH)$_2$	0.042482	−946.087420	−946.044938	0
	TS5	0.037865	−946.017330	−945.979465	41.085004
	HOSOF$_3$ + HF	0.038374	−946.089499	−946.051125	−3.882357
T6	SOF$_4$ + H$_2$O	0.037863	−946.071801	−946.033938	0
	TS6	0.038367	−945.982882	−945.944515	56.113679
	HOSOF$_3$ + HF	0.038374	−946.089499	−946.051125	−10.784648
T7	HOSOF$_3$	0.028998	−846.056169	−846.027171	0
	TS7	0.024889	−846.025968	−846.001079	16.372906
	SO$_2$F$_2$ + HF	0.024123	−846.105293	−846.081170	−33.884975

a 基于 B3LYP/6-311G(d,p)方法。

b 基于 CCSD(T)/aug-cc-pVDZ 方法。

c 加入零点能矫正。

化学反应 T1～T7 的反应物、生成物、中间体和过渡态优化结构 TS1～TS7 的振动频率信息如附录中表 S1 所示。其中，本小节采用 B3LYP/6-311G(d,p)方法计算得到的部分粒子(如 HF、H$_2$O、FOH、SO$_2$F$_2$ 和 SF$_4$ 等)的振动频率与 NIST CCCBD 数据库[127]所提供数值的误差在 10%内。对于文献和数据库中所缺失的粒子，如 F₃SOO、HOSOF₃、SOF₄、HOSOF₄、SF₄(OH)₂、SF₅OH 等，本小节则采用三种不同计算方法 B3LYP/6-311G(d,p)、B3LYP/6-311++G(d,p)和 MP2/6-311G(d,p)计算其振动频率并进行对比，计算结果无明显差异。化学反应 T1～T7 中反应物和生成物的振动频率均为实数，表明这些结构均为势能面上的稳定点，进一步验证前文所述粒子几何结构优化的可靠性，而过渡态优化结构 TS1～TS7 有且仅有一个虚频，表明其为势能面上的一阶鞍点，这是过渡态的重要性质之一。

3) 反应机理

(1) 与 SF₅OH 分解有关的化学反应。

如图 3-1 所示，SF₅OH 分子的分解途径中共有两个化学反应 T1(SF₅OH ——→ SF₄ + FOH)和 T2(SF₅OH ——→ SOF₄ + HF)具有过渡态结构。SF₅OH 分解为两组不同产物 SF₄ + FOH 和 SOF₄ + HF 需要跨越能量分别为 153.7265kcal·mol⁻¹ 和 48.3259kcal·mol⁻¹ 的过渡态优化结构 TS1 和 TS2。在化学反应 T1(SF₅OH ——→ SF₄ + FOH)中，化学键 F₅S—OH 从正常键长 1.627Å 伸长直至断裂，分离出 OH 原子团。与此同时，OH 附近的 F 原子脱离 SF₅OH 中 S 原子的束缚向 OH 原子团靠近，最终形成 FOH 分子。不同于化学反应 T1 中的复杂过程，化学反应 T2 仅涉及 O—H 键和 S—F 键的断裂以及游离 H 原子和 F 原子的结合。化学反应 T1 和 T2 经历了不同复杂程度的断键和成键过程，因此过渡态结构 TS2 的能量比 TS1 低 105.4006kcal·mol⁻¹，从而导致化学反应 T2 在 SF₆分解过程中比 T1 更容易发生。

(2) 化学反应 T3(HOSOF₄ ——→ HF + F₃SOO)。

对于化学反应 T3(HOSOF₄ ——→ HF + F₃SOO)，H 原子和附近的 F 原子同时脱离 HOSOF₄分子并重新成键。H—OSOF₄键从 0.969Å 伸长至 1.181Å，S—F 键从正常键长 1.633Å 伸长至 2.053Å。因此产物 HF 分子通过游离 H 原子轰击游离 F 原子直接形成，该反应需跨越能量为 39.3428kcal·mol⁻¹ 的过渡态优化结构 TS3。在 SF₆分解过程中，化学反应 T3 将消耗中间产物 HOSOF₄(通过化学反应 B7 生成，SOF₄ + OH ——→ HOSOF₄)，而 T3 的产物 F₃SOO 将通过化学反应 B8(HF + F₃SOO ——→ SOF₃ + HFO)促进 SF₆分解关键产物 SOF₃的生成。

(3) 产物为 HOSOF₃ + HF 的化学反应。

如图 3-1 所示，产物 HOSOF₃ + HF 主要通过两条途径生成。在第一条生成途径中，化学反应 T4 需要跨越能量为 39.1258kcal·mol⁻¹ 的过渡态优化结构 TS4，从而形成中间产物 SF₄(OH)₂分子，反应过程共涉及两个化学键的生成，即游离 OH 原子团与 SOF₄分子中的 S 原子成键和游离 H 原子与 SOF₄分子中的 O 原子成键，其中游离 OH 原子团和游离 H 原子由 H₂O 分解产生。在随后的化学反应 T5 中，O—H 键从 0.967Å 伸长至 1.195Å，S—F 键从 1.656Å 伸长至 2.067Å，经过能量为 41.0850kcal·mol⁻¹ 的过渡态优化结构 TS5，使得 HF 分子直接脱离中间产物

$SF_4(OH)_2$，最终形成产物 $HOSOF_3$ + HF。最后，产物 $HOSOF_3$ + HF 的第一条生成途径为中间产物 $SF_4(OH)_2$ 经由具有较低势垒的化学反应 T4 形成后，通过化学反应 T5 分解为产物 $HOSOF_3$ + HF。

产物 $HOSOF_3$ + HF 的第二条生成途径，即化学反应 T6，其过渡态优化结构 TS6 的能量为 $56.1137kcal \cdot mol^{-1}$。在该反应中，反应物 SOF_4 分子中的 S—F 键断裂，其键长从正常键长 1.643Å 伸长为 TS6 中的 2.047Å，另一个反应物 H_2O 中的 HO—H 键同时断裂，从原来的正常键长 0.962Å 伸长至 TS6 中的 1.172Å。随后 O 原子和 H 原子分别被 S 原子和游离 F 原子吸引，因此新的化学键 S—O 和 F—H 又重新形成，最终分别稳定在 1.604Å($HOSF_3O$ 中 S—O 键键长)和 0.920Å(HF 中 H—F 键键长)。与包含多步反应的第一条生成途径相比，第二条生成途径主导产物 $HOSOF_3$ + HF 的生成。其中，产物 $HOSOF_3$ 分子不稳定，容易通过化学反应 T7($HOSOF_3 \longrightarrow SO_2F_2$ + HF)生成 SF_6 分解的另一关键产物 SO_2F_2。

(4) 化学反应 T7($HOSOF_3 \longrightarrow SO_2F_2$ + HF)。

在化学反应 T7 中，反应物 $HOSOF_3$ 跨越能量为 $16.3729kcal \cdot mol^{-1}$ 的过渡态优化结构 TS7 形成产物 SO_2F_2 + HF。对反应物 $HOSOF_3$，产物 SO_2F_2 + HF 和过渡态优化结构 TS7 几何结构变化的分析表明，化学反应 T7 涉及 $HOSOF_3$ 分子中 S—F 键和 O—H 键的断裂及新键 H—F 的形成。$HOSOF_3$ 分子中 O—H 键由 0.973Å 伸长至 1.107Å，同时 S—F 键从 1.714Å 伸长至 2.031Å 断裂。游离 H 原子向 F 原子移动，键长由 1.938Å 缩短至 0.92Å，形成 HF 分子。由于化学反应 T7 的势垒较低，因此 T7 结合 T6 可以视为生成 SF_6 特征分解产物 SO_2F_2 的主导途径。

2. 无过渡态的化学反应机理

1) 与 SOF_5 有关的化学反应

化学反应 B1($SOF_5 \longrightarrow SOF_4$ + F)中反应物分子 SOF_5 的 S—F 键断裂形成产物体系 SOF_4 + F。反应物 SOF_5 中 S—F 键柔性扫描势能面(以产物能量为参考)及振动频率 υ 的对数 $lg\upsilon$ 随扫描坐标 R_{S-F} 变化曲线如图 3-3 所示。由图 3-3(a)可以看出，当 S—F 键的键长 R_{S-F} 小于 2.5978Å 时，化学反应 B1 的势能面随着 R_{S-F} 的增长而降低，其余阶段则随着 R_{S-F} 的增长而升高。这是因为在 R_{S-F} 小于 2.5978Å 的情况下，S—F 键的伸长需要释放一定的能量，而当 R_{S-F} 大于一定数值时，其所在反应体系需要吸收一定的能量以保证 S—F 键发生断裂。由图 3-3(b)可以看出，除了较低的几个振动频率在 R_{S-F} 处于 2.6Å～3.1Å 的扫描区间内发生波动之外，该反应体系的振动频率沿扫描坐标变化平缓。其中，振动频率的波动主要由反应体系的几何结构(体现在键角∠F(eq)-S-F(eq)的突变)在 R_{S-F} 处于 2.6Å～3.1Å 的扫描区间内发生剧烈变化所引起。

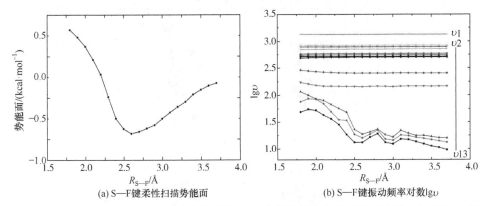

(a) S—F键柔性扫描势能面　　　　　　　(b) S—F键振动频率对数lgυ

图 3-3　反应物 SOF₅ 中 S—F 键柔性扫描势能面(以产物能量为参考)及振动频率υ的对数 lgυ 随扫描坐标 $R_{S—F}$ 变化曲线

SOF₅分子除了通过化学反应 B1(SOF₅ ⟶ SOF₄+F)进行分解之外，还会在化学反应 B2 中作为反应物与 SF₅分子复合形成 SF₆分解关键产物 S₂OF₁₀(SOF₅+SF₅ ⟶ S₂OF₁₀)。由图 3-4(a)可知，在 S₂OF₁₀ 形成的过程中，该化学反应体系的势能面降低，但是当 F₅S—OSF₅ 键键长 $R_{S—O}$ 约为 3.78Å 时，势能面曲线突然降低，随后几乎保持不变。势能面曲线在键长 $R_{S—O}$ 约为 3.78Å 时的突变主要由该化学反应体系几何结构的变化所引起。如图 3-5 所示，当键长 $R_{S—O}$ 在小于 3.78Å 的范围内增长时，SOF₅分子中的 S—O 键沿反应坐标逐渐从 1.655Å 缩短至 1.542Å；当 $R_{S—O}$ 大于 3.78Å 时，该键键长突然缩短至 1.428Å 并保持不变。

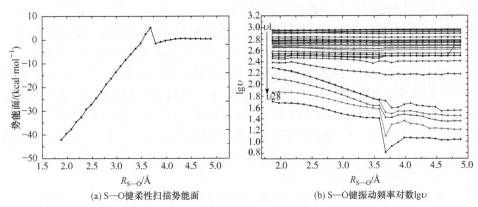

(a) S—O键柔性扫描势能面　　　　　　　(b) S—O键振动频率对数lgυ

图 3-4　反应物 S₂OF₁₀ 中 S—O 键柔性扫描势能面(以产物能量为参考)及振动频率υ的对数 lgυ 随扫描坐标 $R_{S—O}$ 变化曲线

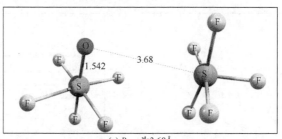

(a) $R_{S—O}$ 为3.68Å

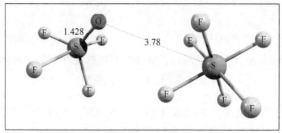

(b) $R_{S—O}$ 为3.78Å

图 3-5　S_2OF_{10} 中 $R_{S—O}$ 分别为 3.68Å 和 3.78Å 时 SOF_4 分子中 S—O 键的键长(单位：Å)

2) 与 SF_5OH 有关的化学反应

由图 3-1 所示，SF_5OH 分子的反应路径由 B3、B4 和 B5 三个化学反应构成，形成了一条多步分解通道 $SF_5 + OH \longrightarrow SF_5OH \longrightarrow SF_4OH + F \longrightarrow SOF_4 + HF$。化学反应 B3($SF_5 + OH \longrightarrow SF_5OH$)、B4($SF_5OH \longrightarrow SF_4OH + F$)和 B5($SF_4OH + F \longrightarrow SOF_4 + HF$)的势能面变化曲线分别如图 3-6(a)、图 3-7(a) 、图 3-8(a)所示，可以看出 B3、B4 和 B5 反应中的断键或成键过程分别只需要 100kcal·mol^{-1}(4.2eV)、110kcal·mol^{-1}(4.62eV)和不超过 80kcal·mol^{-1}(< 3.44 eV)的活化能量。这是由于这三个化学反应体系在反应路径上的整体几何结构几乎没有变化，因此它们的振动频率均沿着反应路径缓慢降低，如图 3-6(b)、图 3-7(b)、图 3-8(b)所示。相对较低的反应活化能意味着反应物 SF_5OH 分子分解形成相应的分解产物 SOF_4 所需要的额外能量更少，表示 SF_5OH 分子更容易通过多步分解通道 B3 $\longrightarrow$ B4 $\longrightarrow$ B5 转化成产物 SOF_4，因此可以认为该分解通道是 SF_6 分解关键产物 SOF_4 的主要形成途径之一。

3) 与 SOF_4 有关的化学反应

SF_6 分解关键产物 SOF_4 除了沿着上文所述的多步分解通道 B3 $\longrightarrow$ B4 $\longrightarrow$ B5 生成之外，还会经由化学反应 B6($SF_4 + O \longrightarrow SOF_4$)直接复合产生。$SOF_4$ 分子生成后会继续参与一系列化学反应，如 B7 $\longrightarrow$ T3 $\longrightarrow$ B8($SOF_4 + OH \longrightarrow HOSOF_4 \longrightarrow HF + F_3SOO \longrightarrow SOF_3 + HFO$)等，生成 SF_6 分解的另一关键产物 SOF_3。SOF_4 分子还会参与化学反应 B9 直接分解为 $SOF_3 + F$($SOF_4 \longrightarrow SOF_3 + F$)。此外,本书认为消耗 SOF_4 分子的化学反应路径还包括化学反应 T4 $\longrightarrow$ T5($SOF_4 +$

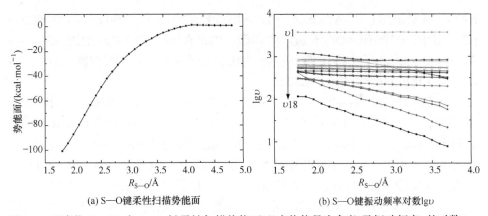

图 3-6　反应物 SF₅OH 中 S—O 键柔性扫描势能面(以产物能量为参考)及振动频率 υ 的对数 lgυ
随扫描坐标 R_{S-O} 变化曲线

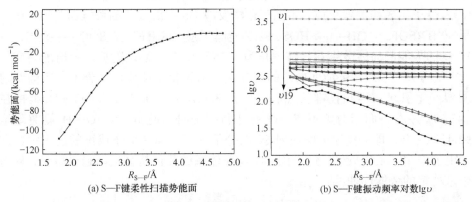

图 3-7　反应物 SF₅OH 中 S—F 键柔性扫描势能面(以产物能量为参考)及振动频率 υ 的对数 lgυ
随扫描坐标 R_{S-F} 变化曲线

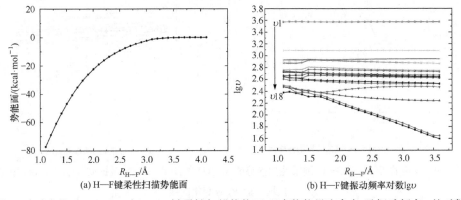

图 3-8　反应物 SF₄OH + F 中 H—F 键柔性扫描势能面(以产物能量为参考)及振动频率 υ 的对数
lgυ 随扫描坐标 R_{H-F} 变化曲线

$H_2O \longrightarrow SF_4(OH)_2 \longrightarrow HOSOF_3 + HF)$ 和化学反应 $T6(SOF_4 + H_2O \longrightarrow HOSOF_3 + HF)$。其中，产物 $HOSOF_3$ 会通过化学反应 B10 直接分解为 $SOF_3(HOSOF_3 \longrightarrow OH + SOF_3)$。因此，下文将分别讨论其余生成和消耗 SOF_4 分子的反应路径(B6 $\longrightarrow$ B7 $\longrightarrow$ B8)及化学反应(B9 和 B10)。

反应路径 B6 $\longrightarrow$ B7 $\longrightarrow$ B8($SF_4 + O \longrightarrow SOF_4$、$SOF_4 + OH \longrightarrow HOSOF_4$、$HF + F_3SOO \longrightarrow SOF_3 + HFO$)中三个化学反应的势能面变化曲线分别如图 3-9(a)、图 3-10(a)、图 3-11(a)所示。化学反应 B6($SF_4 + O \longrightarrow SOF_4$)的势能面曲线随着 S—O 键长的增加而升高，最后整个化学反应体系的能量达到收敛，该反应需要 $20\text{kcal} \cdot \text{mol}^{-1}$(0.86eV)的活化能，使得 SF_4 分子中的 S 原子与 O 原子结合成键，生成 SOF_4 分子。与前文所讨论过的同样生成 SOF_4 分子的化学反应 T2 和 B5(活化能分别为 2.08eV 和 3.44eV)相比，化学反应 B6 的活化能(4.77eV)较高，因此可以认为化学反应 B6 相较其余化学反应不是促进 SOF_4 分子生成的关键反应。不同于化学反应 B6 平滑变化的势能面曲线，化学反应 B7($SOF_4 + OH \longrightarrow HOSOF_4$)和化学反应 B8($HF + F_3SOO \longrightarrow SOF_3 + HFO$)的势能面曲线分别在扫描键长为 3.75Å 和 3.27Å 的附近位置出现突变。对于化学反应 B7，势能面曲线的突变主要由该化学反应体系分子几何构型的剧烈变化引起：当扫描键长 R_{S-O} 大于 3.75Å 时，键角 $\angle S—O—H$ 维持在 145.607°左右，而当对短距 S—O 键进行扫描时，键角 $\angle S—O—H$ 则突降至 92.417°左右，即 OH 原子团在向 SOF_4 分子迁移、与 S 原子成键的过程中，在静电力作用下发生旋转，使得该化学反应体系的几何构型逐渐趋于稳定，从而带来稳定的势能面曲线。

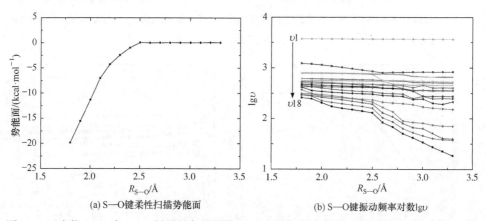

(a) S—O键柔性扫描势能面　　　　　　(b) S—O键振动频率对数lgυ

图 3-9　反应物 SOF_4 中 S—O 键柔性扫描势能面(以产物能量为参考)及振动频率υ的对数 lgυ 随扫描坐标 R_{S-O} 变化曲线

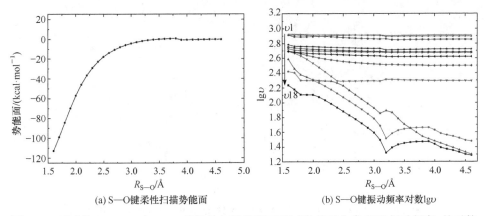

(a) S—O 键柔性扫描势能面　　　　　　(b) S—O 键振动频率对数lgυ

图 3-10　反应物 HOSOF₄ 中 S—O 键柔性扫描势能面(以产物能量为参考)及振动频率 υ 的对数 lgυ 随扫描坐标 R_{S-O} 变化曲线

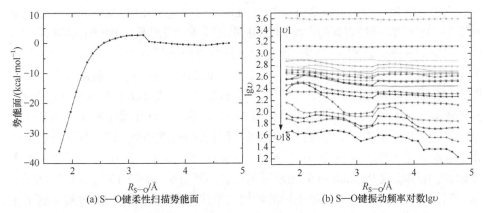

(a) S—O 键柔性扫描势能面　　　　　　(b) S—O 键振动频率对数lgυ

图 3-11　反应物 HF + F₃SOO 中 S—O 键柔性扫描势能面(以产物能量为参考)及振动频率 υ 的对数 lgυ 随扫描坐标 R_{S-O} 变化曲线

对于化学反应 B8，当扫描键长 R_{S-O} 约为 3.27Å 时，势能面曲线出现了能量仅为 2.14kcal·mol^{-1} 的微小势垒，这是由于该化学反应体系的几何构型在 3.27Å～3.37Å 扫描区间内变化剧烈，如图 3-12 所示，二面角∠O—H—S—O 在扫描键长 R_{S-O} 为 3.27Å 时的大小为–2.83°，在 3.37Å 时则突然增长至 63.21°，然后随着扫描键长的增长几乎保持不变。与其余同样生成 SOF₃ 分子的化学反应(B9、B10 和 B11)相比，化学反应 B8 沿反应路径上的微小势垒使其对于 SOF₃ 分子生成的贡献相对较小。图 3-9(b)、图 3-10(b)、图 3-11(b) 分别为化学反应 B6、B7 和 B8 的振动频率计算结果，可以看出化学反应体系几何结构的剧烈变化使得化学反应 B7 和 B8 较低的几个频率曲线在相应扫描键长的位置附近出现波动。

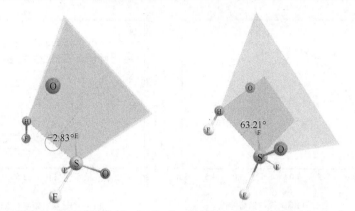

(a) 键长 R_{S-O} 为3.27Å时的∠O—H—S—O   (b) 键长 R_{S-O} 为3.37Å时的∠O—H—S—O

图 3-12 扫描键长 R_{S-O} 分别为 3.27Å 和 3.37Å 时化学反应 B8 的二面角∠O—H—S—O

化学反应 B9(SOF$_4$ ⟶ SOF$_3$ + F)是 SOF$_4$ 分子的分解反应，SOF$_4$ 分子通过化学反应 T4、T5 和 T6 分解得到的产物 HOSOF$_3$ 分子会参与化学反应 B10(HOSOF$_3$ ⟶ OH + SOF$_3$)分解得到 SOF$_3$ 分子，因此化学反应 B10 也可看作是 SOF$_4$ 分解途径中的中间反应之一。化学反应 B9 和 B10 的势能面曲线计算结果分别如图 3-13(a)和图 3-14(a)所示，可以看出化学反应 B9 和 B10 分别需要 108kcal · mol^{-1}(4.536eV) 和 66kcal · mol^{-1}(2.772eV)的活化能使得 S—F 键和 S—O 键发生断裂。由于化学反应 B9 和 B10 沿着反应路径没有明显的过渡态结构或势垒，因此可认为这两个化学反应易于发生，是 SOF$_4$ 分子分解的主要反应，同时也是 SOF$_3$ 分子生成的主要途径。化学反应 B9 和 B10 的振动频率计算结果分别如图 3-13(b)和图 3-14(b)所示，它们的振动频率随着扫描坐标的增加而平缓下降，说明在扫描过程中这两个化学反应体系的几何构型没有发生剧烈变化。

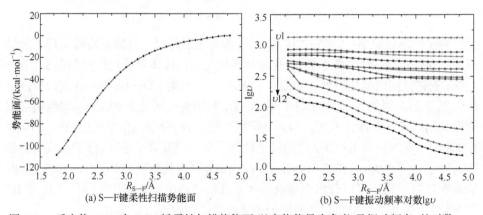

(a) S—F键柔性扫描势能面   (b) S—F键振动频率对数lgυ

图 3-13 反应物 SOF$_4$ 中 S—F 键柔性扫描势能面(以产物能量为参考)及振动频率υ的对数 lgυ 随扫描坐标 R_{S-F} 变化曲线

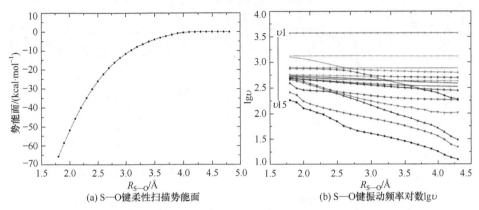

(a) S—O键柔性扫描势能面　　　　　(b) S—O键振动频率对数lgυ

图 3-14　反应物 HOSOF₃ 中 S—O 键柔性扫描势能面(以产物能量为参考)及振动频率υ的对数
lgυ随扫描坐标 R_{S-O} 变化曲线

4) 与 SOF₃ 有关的化学反应

SOF₃分子还会通过 SF₃ 分子与 O 原子直接结合产生(化学反应 B11,SF₃+O ⟶
SOF₃)。SOF₃ 分子形成后会参与化学反应 B12(SOF₃ ⟶ SOF₂ + F)分解产生
SF₆ 分解关键产物 SOF₂。因此，化学反应 B11 和 B12 联合构成了 SOF₂ 分子的生
成途径。化学反应 B11 和 B12 的势能面曲线计算结果分别如图 3-15(a)和图 3-16(a)
所示。化学反应 B11 和 B12 的活化能分别仅为 58kcal · mol⁻¹ 和 16.5kcal · mol⁻¹，
因此化学反应 B11 和 B12 容易在 SF₆ 分解过程中发生，是生成 SOF₃ 分子的主要
反应。化学反应 B11 和 B12 的振动频率计算结果分别如图 3-15(b)和图 3-16(b)
所示。

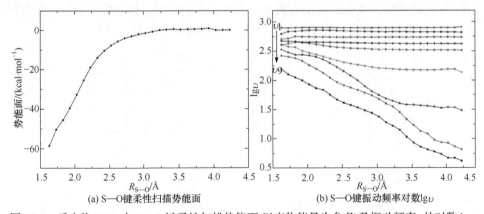

(a) S—O键柔性扫描势能面　　　　　(b) S—O键振动频率对数lgυ

图 3-15　反应物 SOF₃ 中 S—O 键柔性扫描势能面(以产物能量为参考)及振动频率υ的对数 lgυ
随扫描坐标 R_{S-O} 变化曲线

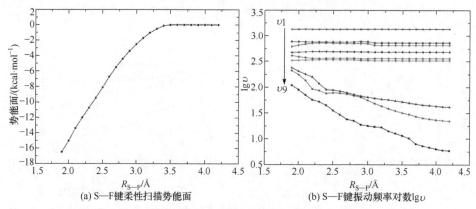

(a) S—F键柔性扫描势能面　　　　　　(b) S—F键振动频率对数lgυ

图 3-16　反应物 SOF$_3$ 中 S—F 键柔性扫描势能面(以产物能量为参考)及振动频率υ的对数 lgυ 随扫描坐标 R_{S-F} 变化曲线

3.1.2　微水微氧杂质影响下的 SF$_6$ 气体分解速率系数

1. 有过渡态的反应

1) 平衡常数

化学反应 T1~T7 的平衡常数如图 3-17 所示。化学反应 T1 的平衡常数曲线在 300~2000K 范围内随温度的升高而剧烈升高，在 2000K 以上温度段则几乎保持不变。T1 的平衡常数在 1200K 以上大于 1，说明 T1 的正向反应速率系数在该温度段内超过其逆向反应速率系数，使得正向反应占主导。化学反应 T2~T6 的平衡常数随温度变化缓慢，其中化学反应 T4 的平衡常数在 300~12000K 温度范围内小于 1，说明 T4 的逆向反应在上述温度段内占主导；其余化学反应的平衡常数大于 1，表明这些反应的正向反应在整个温度范围内占据主导。

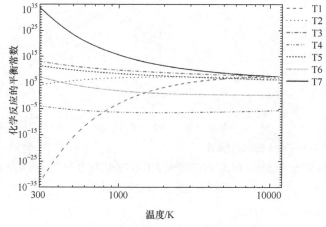

图 3-17　化学反应 T1~T7 的平衡常数

2) 速率系数

化学反应 T1~T7 在 300~12000K 温度范围的速率系数如图 3-18 所示,可以看出化学反应的速率系数随温度的升高而升高。化学反应 T1~T7 速率系数的 Arrhenius 拟合表达式如表 3-3 所示。

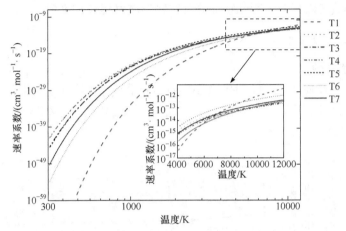

图 3-18　化学反应 T1~T7 在 300~12000K 温度范围的速率系数

表 3-3　化学反应 T1~T7 速率系数的 Arrhenius 拟合表达式

序号	化学反应	速率系数/(cm³·mol⁻¹·s⁻¹)(此列中 T 为温度)
T1	$SF_5OH \longrightarrow SF_4 + FOH$	$1.563 \times 10^{-25} T^{3.365} \exp(-44645.1768/T)$
T2	$SF_5OH \longrightarrow SOF_4 + HF$	$1.823 \times 10^{-20} T^{1.93} \exp(-19318.0178/T)$
T3	$HOSOF_4 \longrightarrow HF + F_3SOO$	$2.306 \times 10^{-20} T^{1.89} \exp(-20930.9598/T)$
T4	$SOF_4 + H_2O \longrightarrow SF_4(OH)_2$	$1.182 \times 10^{-22} T^{2.42} \exp(-18464.0366/T)$
T5	$SF_4(OH)_2 \longrightarrow HOSOF_3 + HF$	$1.098 \times 10^{-20} T^{2.12} \exp(-21317.0556/T)$
T6	$SOF_4 + H_2O \longrightarrow HOSOF_3 + HF$	$7.045 \times 10^{-23} T^{2.59} \exp(-27068.7996/T)$
T7	$HOSOF_3 \longrightarrow SO_2F_2 + HF$	$3.428 \times 10^{-20} T^{1.93} \exp(-24471.9750/T)$

化学反应 T1~T7 速率系数 k_{T1}^{CTST}~k_{T7}^{CTST} 在 300~2000K 剧烈增长,对于化学反应 T1,其 2000K 时的速率系数约为 1000K 时的 10^{10} 倍。不同化学反应的速率系数变化趋势之间有较大差异,这主要是因为化学反应的活化能不同,如表 3-4 所示。

表 3-4　化学反应 T1~T7 的活化能

序号	$E_{relative}$/(kcal·mol⁻¹)	序号	$E_{relative}$/(kcal·mol⁻¹)	序号	$E_{relative}$/(kcal·mol⁻¹)	序号	$E_{relative}$/(kcal·mol⁻¹)
T1	153.726469	T3	39.342798	T5	41.085004	T7	16.372906
T2	48.325873	T4	39.125812	T6	56.113679	—	—

由于 SF_6 电弧衰减过程中部分重要化学反应(如 $SF_5 \longrightarrow SF_4 + F$ 和 $SF_4 \longrightarrow SF_3 + F$ 等)在 1000~12000K 温度范围内的速率系数由 $3.7 \times 10^{-21} cm^3 \cdot mol^{-1} \cdot s^{-1}$ 增长至 $6.9 \times 10^{-8} cm^3 \cdot mol^{-1} \cdot s^{-1}$,与同样温度区间内化学反应 T1~T7 的速率系数差 4~8 个数量级。因此,化学反应 T1~T7 在放电区域温度衰减至 1000K 之前,对于研究 SF_6 分解过程和特征分解产物形成过程非常重要。

2. 无过渡态的反应

1) 平衡常数

由于化学反应 B2、B4、B5 和 B7 的平衡常数为无限大,可以认为这些化学反应为单向反应,不存在可逆过程。化学反应 B1、B3、B6 和 B8~B12 的平衡常数如图 3-19 所示。

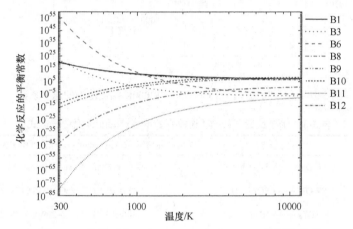

图 3-19　化学反应 B1、B3、B6 和 B8~B12 的平衡常数

2) 速率系数

化学反应 B1~B12 速率系数(对数)沿反应坐标的变化曲线如图 3-20 所示。

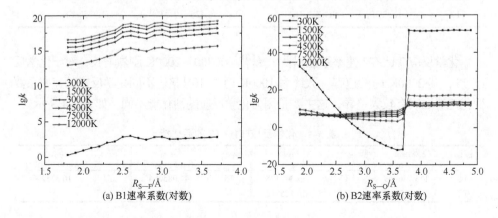

(a) B1速率系数(对数)　　　　　(b) B2速率系数(对数)

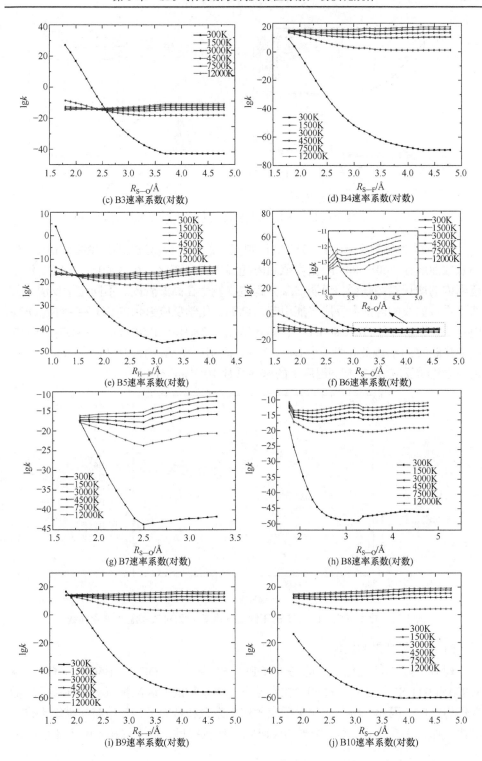

(c) B3速率系数(对数)

(d) B4速率系数(对数)

(e) B5速率系数(对数)

(f) B6速率系数(对数)

(g) B7速率系数(对数)

(h) B8速率系数(对数)

(i) B9速率系数(对数)

(j) B10速率系数(对数)

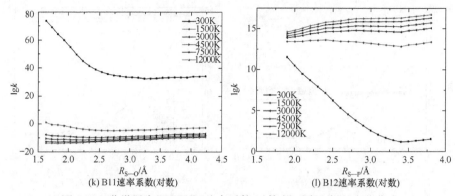

(k) B11速率系数(对数)　　　　　　(l) B12速率系数(对数)

图 3-20　化学反应 B1～B12 速率系数(对数)沿反应坐标的变化曲线

图 3-21 为化学反应 B1～B12 的正则变分速率系数(对数)随温度变化曲线。速率系数曲线在 300～3000K 温度范围内随温度剧烈变化，在 3000～12000K 温度范围内的增长趋势减缓，说明 SF_6 分解主要发生在高温阶段。不同化学反应之间速率系数曲线的区别由反应势能引起。例如，化学反应 B4($SF_5OH \longrightarrow SF_4OH + F$)的反应势能约为 110kcal · mol^{-1}，是化学反应 B8($HF + F_3SOO \longrightarrow SOF_3 + HFO$) 反应势能的 3 倍，因此化学反应 B4 在 300K 下的速率系数约为 10^{-70}cm^3 · mol^{-1} · s^{-1}，远小于化学反应 B8 在相同温度下的速率系数 10^{-50}cm^3 · mol^{-1} · s^{-1}。

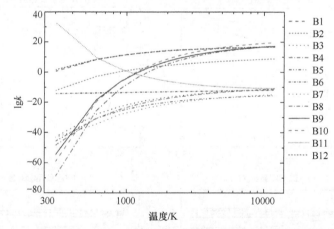

图 3-21　化学反应 B1～B12 的正则变分速率系数(对数)随温度变化曲线

3) 与文献结果的比较

现有文献中仅有化学反应 B2($SOF_5 + SF_5 \longrightarrow S_2OF_{10}$)、B6($SF_4 + O \longrightarrow SOF_4$)和 B11($SF_3 + O \longrightarrow SOF_3$)在常温下速率系数的实验测量值，而高温下的数据仍为空白。因此，将上述化学反应的速率系数在常温下的数值与文献结果进行对比，如表 3-5 所示。本书结果与文献结果比较接近，最大仅相差两个数量级。

表 3-5　速率系数本书结果与文献结果的对比

序号	速率系数/(cm³ · mol⁻¹ · s⁻¹)	
	文献结果 (300K)	本书结果 (300K)
B2	10^{-13} [49]	10^{-14}
B6	10^{-14} [88,121]	10^{-15}
B11	10^{-10} [88,121]	10^{-12}

对于 SF₆ 特征分解产物 SOF₄，与其生成和消耗相关的化学反应如表 3-6 所示。显然化学反应 T2($SF_5OH \longrightarrow SOF_4 + HF$) 和 B5($SF_4OH + F \longrightarrow SOF_4 + HF$) 的速率系数低于化学反应 B1($SF_5 \longrightarrow SOF_4 + F$) 的速率系数。因为高能 O 原子[49] 比 OH 原子团更容易与 SF₅ 结合，所以 SOF₅(化学反应 B1 中的反应物)的浓度将高于 SF₅OH(化学反应 T2 中的反应物)的浓度。此外，由于 SF₄OH(化学反应 B5 中的反应物)通过 SF₅OH 分解得到(化学反应 B4，$SF_5OH \longrightarrow SF_4OH + F$)，所以 SF₄OH 的浓度低于 SF₅OH 的浓度。因此，化学反应 B1、T2 和 B5 中反应物浓度满足关系 $c(SOF_5) > c(SF_5OH) > c(SF_4OH)$。根据质量作用定律，粒子的净生成率与化学反应速率和反应物浓度幂指数之间的乘积有关。结合上述对化学反应速率系数和反应物浓度的分析，可以认为化学反应 B1 比化学反应 T2 和 B5 对于 SOF₄ 生成的贡献更大，这与 Van Brunt 等[49]的结论保持一致。化学反应 B1 较高的速率系数同样可以说明，SOF₅ 分子一旦形成，将立即分解为 SOF₄，因此 SOF₅ 分子极度不稳定，这与 Van Brunt 等[49]的结论相同。化学反应 B6($SF_4 + O \longrightarrow SOF_4$)的速率系数远低于 B1，然而基于前期研究成果无法给出 SOF₅ 和 SF₄ 分子的浓度关系 $c(SOF_5)/c(SF_4)$，因此化学反应 B6 对于 SOF₄ 生成率的影响需要借助于化学动力学模型进行研究。

表 3-6　生成和消耗 SOF₄ 的化学反应

生成 SOF₄ (300~12000K)			消耗 SOF₄(300~12000K)		
序号	化学反应	速率系数范围 /(cm³ · mol⁻¹ · s⁻¹)	序号	化学反应	速率系数范围 /(cm³ · mol⁻¹ · s⁻¹)
T2	$SF_5OH \longrightarrow SOF_4 + HF$	$10^{-43} \sim 10^{-13}$	T4	$SOF_4 + H_2O \longrightarrow SF_4(OH)_2$	$10^{-43} \sim 10^{-13}$
B1	$SOF_5 \longrightarrow SOF_4 + F$	$1 \sim 10^{20}$	T6	$SOF_4 + H_2O \longrightarrow HOSOF_3 + HF$	$10^{-55} \sim 10^{-13}$

续表

生成 SOF$_4$ (300～12000K)			消耗 SOF$_4$(300～12000K)		
序号	化学反应	速率系数范围/(cm^3·mol^{-1}·s^{-1})	序号	化学反应	速率系数范围/(cm^3·mol^{-1}·s^{-1})
B5	SF$_4$OH + F $\longrightarrow$ SOF$_4$ + HF	10^{-48}～10^{-22}	B7	SOF$_4$ + OH $\longrightarrow$ HOSOF$_4$	10^{-42}～10^{-19}
B6	SF$_4$ + O $\longrightarrow$ SOF$_4$	10^{-16}～10^{-15}	B9	SOF$_4$ $\longrightarrow$ SOF$_3$ + F	10^{-58}～10^{-12}

当放电区域温度达到 1000～12000K 时，化学反应 T4(SOF$_4$ + H$_2$O $\longrightarrow$ SF$_4$(OH)$_2$)、T6(SOF$_4$ + H$_2$O $\longrightarrow$ HOSOF$_3$+HF)、B7(SOF$_4$ + OH $\longrightarrow$ HOSOF$_4$)和 B9(SOF$_4$ $\longrightarrow$ SOF$_3$ + F)的速率系数随着温度升高而剧烈升高，因此将对 SOF$_4$分子的去除产生显著影响。

与 SOF$_3$生成和消耗相关的化学反应如表 3-7 所示。在 300～1000K 温度区间内，化学反应 B11(SF$_3$ + O $\longrightarrow$ SOF$_3$)的速率系数远高于化学反应 B8～B10。因此，在上述温度区间内，化学反应 B11 主导 SOF$_3$的生成。然而在 1000K 以上，速率系数随着温度升高而剧烈升高，化学反应 B9～B11 成为生成 SOF$_3$的主要反应。由于化学反应 B10(HOSOF$_3$ $\longrightarrow$ OH +SOF$_3$)是化学反应 B9(SOF$_4$ $\longrightarrow$ SOF$_3$ +F)的中间反应，所以 HOSOF$_3$分子的浓度远低于 SOF$_4$的浓度。因此，即使化学反应 B9 和 B10 的速率系数在温度大于 1000K 的情况下相差不大，化学反应 B9 比 B10 对 SOF$_3$生成的影响更大。化学反应 B12(SOF$_3$ $\longrightarrow$ SOF$_2$ + F)在 SF$_6$分解体系中是消耗 SOF$_3$的唯一化学反应。SOF$_3$的消耗主要发生在 300～1000K 温度区间，而 SF$_6$分解的另一关键产物 SOF$_2$也在同一阶段大量产生。但是，每个反应对 SOF$_3$具体的生成和去除作用程度还需要借助化学动力模型研究。

表 3-7　生成和消耗 SOF$_3$的化学反应

序号	化学反应	速率系数范围/(cm^3·mol^{-1}·s^{-1})	
		300～1000K	1000～12000K
B8(生成)	HF + F$_3$SOO $\longrightarrow$ SOF$_3$ + HFO	10^{-49}～10^{-22}	10^{-22}～10^{-15}
B9(生成)	SOF$_4$ $\longrightarrow$ SOF$_3$ + F	10^{-46}～10^0	10^0～10^{20}
B10(生成)	HOSOF$_3$ $\longrightarrow$ OH + SOF$_3$	10^{-60}～10^0	10^0～10^{20}
B11(生成)	SF$_3$ + O $\longrightarrow$ SOF$_3$	10^{-11}～10^0	10^0～10^5
B12(消耗)	SOF$_3$ $\longrightarrow$ SOF$_2$ + F	10^{-44}～10^{-22}	10^{-22}～10^{-15}

SO_2F_2分子直接通过化学反应 T7($HOSOF_3 \longrightarrow SO_2F_2 + HF$)生成。其中，根据第 2 章的研究结论，反应物 $HOSOF_3$ 通过两条途径生成：化学反应 T6($SOF_4 + H_2O \longrightarrow HOSOF_3 + HF$)和化学反应 T4+T5($SOF_4 + H_2O \longrightarrow SF_4(OH)_2 \longrightarrow HOSOF_3 + HF$)。第二条途径的总速率系数远低于第一条途径，所以化学反应 T6 是主导 $HOSOF_3$ 生成的关键反应，而化学反应 T6 联合 T7 则是生成 SO_2F_2 的主要途径($SOF_4 + H_2O \longrightarrow SO_2F_2 + 2HF$)，这与 Van Brunt 等[22]的研究结果一致。

S_2OF_{10} 通过化学反应 B2($SOF_5 + SF_5 \longrightarrow S_2OF_{10}$)形成。在 300～1000K 温度范围内，由于速率系数很高，SOF_5 迅速分解为 SOF_4(通过化学反应 B1，$SOF_5 \longrightarrow SOF_4 + F$)，相比之下化学反应 B2 因其较低的速率系数($10^{-17} \sim 10^0 \, cm^3 \cdot mol^{-1} \cdot s^{-1}$)，在该温度范围内对 SOF_5 的去除作用没有化学反应 B1 重要，因此仅有少量 SOF_5 与 SF_5 复合形成 S_2OF_{10}。然而，在 1000～12000K 温度范围内，化学反应 B2 的速率系数范围为 $10^0 \sim 10^5 cm^3 \cdot mol^{-1} \cdot s^{-1}$，其对 SOF_5 分子的消耗有不可忽视的作用，因此 SF₆ 特征分解产物 S_2OF_{10} 主要产生于此阶段。

3.1.3　微水微氧杂质影响下的 SF₆ 气体特征分解产物演化规律

高压 SF₆ 开关电力设备内无法避免的水蒸气和氧气会威胁设备的安全稳定运行，因此 IEC 60480—2004 等标准中规定实际的 SF₆ 气体绝缘设备主气室中微水和微氧的含量分别不能超过 500ppm 和 400ppm。为了充分研究微水和微氧含量分别在正常及超标情况下对 SF₆ 分解组分演化特性的影响，本小节考虑了较大含量范围的微水微氧：为讨论水蒸气的影响，考虑的水蒸气含量分别为 500ppm、1500ppm、3000ppm、5000ppm、25000ppm 和 50000ppm，其中氧气含量为 400ppm；为讨论氧气的影响，考虑的氧气含量分别为 400ppm、800ppm、1200ppm、2500ppm、4000ppm 和 40000ppm，其中水蒸气含量为 500ppm。

1. 微水杂质的影响

本小节的双温模型气压为 0.4MPa，不同水蒸气含量下电子温度与重粒子温度之间的关系曲线见图 3-22。在 6000～12000K 温度段，电子温度偏离重粒子温度的程度不明显且几乎不受水蒸气含量的影响；随着温度的继续衰减，偏离热力学平衡的程度随水蒸气含量的增加而降低，这是由于水分子通过化学反应产生的高能 H 原子具有"催化作用"，为电子和重粒子碰撞提供足够能量，从而抑制了非热力学平衡效应。

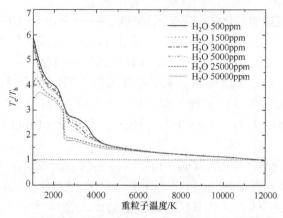

图 3-22　不同水蒸气含量下电子温度与重粒子温度之间的关系曲线

不同水蒸气含量对 SF_6 分解代表性粒子及特征分解产物的摩尔分数影响见图 3-23~图 3-29。如图 3-23 所示，在 6000K 以下，高能 H 原子对碰撞电离等反应具有显著促进作用，电子的摩尔分数随水蒸气的增加而增加且变化趋势和上述 T_e/T_h 的动态曲线相对应，代表了系统偏离热力学平衡的程度。在 6000K 以上的高温区间，电子的摩尔分数由 10^{-2} 缓慢增长至 10^{-1}，大量电子的生成主要来自于与重粒子的碰撞电离反应，因此 6000K 以上的电子摩尔分数在更大程度上依赖重粒子温度的变化。SF_6 电弧的成功熄灭要求电弧等离子中带电粒子的含量在较短时间内降低到一定数值以下，本书研究发现水蒸气含量提高会促进电子生成，不利于灭弧。

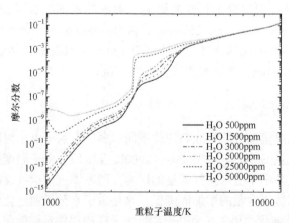

图 3-23　不同水蒸气含量下电子的摩尔分数随重粒子温度的变化

在 2000K 以下的温度区域，随着水蒸气含量由 500ppm 提高到 50000ppm，F 原子的摩尔分数将由 4×10^{-3} 降低至 10^{-4} 以下，如图 3-24 所示。一方面说明水蒸气含量增加所带来的较高电子摩尔分数能够促进 F 原子在 2000K 以下电离；另一

方面说明 H_2O 分子及高能 H 原子所参与的 F 原子去除反应在 2000K 以下也具有重要作用。

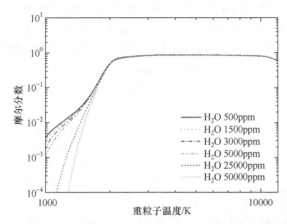

图 3-24　不同水蒸气含量下 F 原子的摩尔分数随重粒子温度的变化

在 3500K 以上，碰撞电离等反应使得 SF₆的摩尔分数低于 10^{-12}；随着电弧温度衰减，SF₆通过复合反应从 3500K 左右开始重新生成，其摩尔分数从大约 2000K 开始逐渐接近 1。H_2O 分子对 SF₆复合反应的作用不明显，即水蒸气不会显著影响 SF₆介质恢复特性，图 3-25 中 SF₆的摩尔分数曲线几乎不随水蒸气含量而变化。

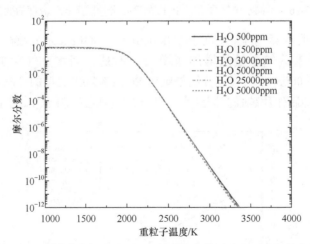

图 3-25　不同水蒸气含量下 SF₆的摩尔分数随重粒子温度的变化

如图 3-26 所示，在 3000～5000K 温度范围内，水蒸气的增加可以促进 SOF₂的产生；在 1500～3000K 温度范围内，SOF₂的摩尔分数在水蒸气含量不高于 5000ppm 时不随水蒸气含量变化，而当水蒸气含量提高到 25000ppm 及以上时，SOF₂的摩尔分数显著降低，这是因为水蒸气显著提高使得 SOF₂水解反应的速率提升，促进 SOF_2 分解为 HF 等产物，从而降低了 SOF_2 含量；在 1500K 温度以下，不同水蒸气含量所对应的 SOF_2 摩尔分数变化趋势出现了显著差异，在水蒸气为 25000ppm 和 50000ppm 时，计算得到的 SOF_2 摩尔分数随重粒子温度的升高而降低，这是因为 SOF_3 和 SOF_4 大量分解生成了 SOF_2，而在水蒸气含量不高于 5000ppm 情况下计算得到的 SOF_2 摩尔分数则随重粒子温度的降低而降低。根据本书研究，SOF_2 含量受设备内水蒸气影响显著，基于此可进一步实现设备故障诊断。因此，SOF_2 可以作为表征设备故障程度和绝缘状态的特征量。

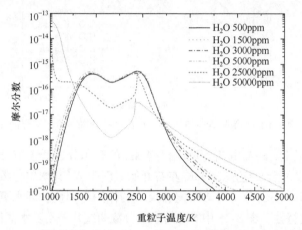

图 3-26　不同水蒸气含量下 SOF_2 的摩尔分数随重粒子温度的变化

图 3-27 说明水蒸气含量不高于 5000ppm 时，SOF_4 摩尔分数在 1000～1600K温度范围内随水蒸气含量的增加而增加。但是，当水蒸气含量分别提高到 25000ppm 和 50000ppm 时，计算结果则对 SOF_4 表现出明显的抑制作用，且水蒸气含量越高，抑制作用越强。因此水蒸气含量过高会抑制 SOF_4 的生成。

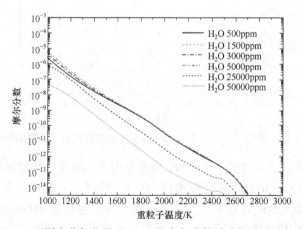

图 3-27　不同水蒸气含量下 SOF_4 的摩尔分数随重粒子温度的变化

　　图 3-28 表明，当水蒸气含量不高于 5000ppm 时，在同一重粒子温度下，水蒸气含量的降低带来较低的 SO_2F_2 摩尔分数，说明水蒸气含量的降低会抑制相关化学反应。当水蒸气含量高达 25000ppm 和 50000ppm 时，SO_2F_2 的摩尔分数反而降低，说明过高的水蒸气含量对 SO_2F_2 具有更强的抑制作用。

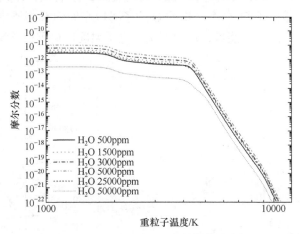

图 3-28　不同水蒸气含量下 SO_2F_2 的摩尔分数随重粒子温度的变化

　　如图 3-29 所示，不同水蒸气含量下 S_2OF_{10} 的摩尔分数曲线均在约 1700K 处出现峰值。当水蒸气含量不高于 5000ppm 时，S_2OF_{10} 的摩尔分数曲线在 1700K 以上不随水蒸气含量而变化，在 1700K 以下则随水蒸气含量的升高而略微升高；当水蒸气含量高达 25000ppm 和 50000ppm 时，计算结果反而对 S_2OF_{10} 表现出显著的抑制作用，S_2OF_{10} 的摩尔分数变化曲线明显低于较低水蒸气含量下的计算结果。

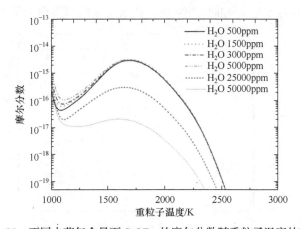

图 3-29　不同水蒸气含量下 S_2OF_{10} 的摩尔分数随重粒子温度的变化

2. 微氧杂质的影响

不同氧气含量下电子温度与重粒子温度之间的关系曲线见图3-30，双温模型气压为0.4MPa。在6000~12000K温度范围内，系统偏离热力学平衡效应不明显，不同氧气含量下的 T_e/T_h 曲线基本一致；随着温度继续衰减，T_e/T_h 随氧气含量的增加而降低，这是由于 O_2 分解产生的 O 原子可以在6000K以下继续为电子和重粒子的碰撞电离反应提供能量，从而抑制了电子温度偏离重粒子温度。

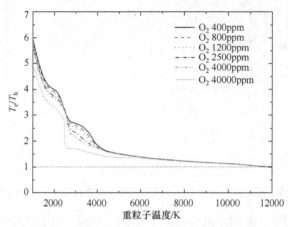

图3-30　不同氧气含量下电子温度与重粒子温度之间的关系曲线

图3-31~图3-37为不同氧气含量对 SF_6 分解代表性粒子及特征分解产物摩尔分数的影响。如图3-31所示，在7000K以下，O 原子具有较高的活性和能量，对系统内碰撞电离等化学反应具有显著的催化作用，可以促进电子的大量产生，因此电子的摩尔分数随着氧气含量的增加而升高。此外，电子摩尔分数的变化还与图3-30所示的 T_e/T_h 动态变化曲线相对应，代表了系统偏离热力学平衡的程度。在

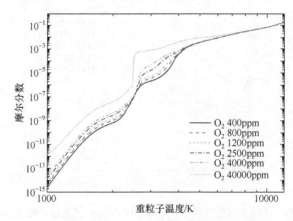

图3-31　不同氧气含量下电子的摩尔分数随重粒子温度的变化

7000K 以上，电子的摩尔分数由 10^{-2} 缓慢增长至 10^{-1}，电子的大量累积主要来自于电子与重粒子之间的碰撞电离反应，因此 7000K 以上的电子摩尔分数在更大程度上依赖重粒子温度的变化，而氧气含量则对电子的生成和消耗作用不明显。

在 2000K 以下的温度区域且氧气含量已经严重超标达到 40000ppm 时，F 原子的消除作用显著，此时 F 原子的摩尔分数较 400ppm 的数值降低了 80%，如图 3-32 所示。一方面说明氧气含量增加至 40000ppm 时带来的较高电子摩尔分数能促进 F 原子在 2000K 以下的碰撞电离，使得部分 F 原子转化为离子态；另一方面说明大量 O_2 分子和高能 O 原子与 F 原子发生反应，使得 F 原子的去除效果在 2000K 以下较明显。

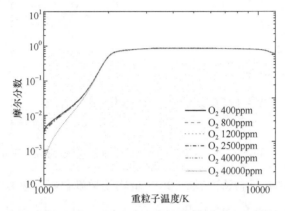

图 3-32　不同氧气含量下 F 原子的摩尔分数随重粒子温度的变化

随着电弧温度衰减，通过碰撞电离等反应所消耗的 SF₆ 分子开始重新复合生成，其摩尔分数从 1000～2000K 始终维持在 1。由于 SF₆ 分子的化学性质稳定，氧气不容易与 SF₆ 发生反应，也不会影响 SF₆ 介质恢复过程，图 3-33 中 SF₆ 的摩尔分数曲线几乎不随氧气含量变化。

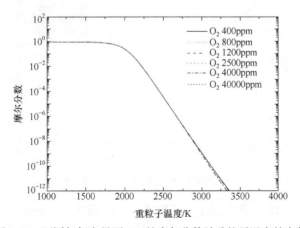

图 3-33　不同氧气含量下 SF₆ 的摩尔分数随重粒子温度的变化

当氧气含量不高于 4000ppm 时，SOF$_2$ 摩尔分数在 3000K 以上的温度区间内随着氧气的增加而略微增加，在 3000K 以下则几乎不受氧气含量影响。但是当氧气含量到达 40000ppm 时，计算结果显示 SOF$_2$ 的摩尔分数曲线较其余情况显著提升，说明氧气含量的提升对 SOF$_2$ 的生成有促进作用。在实际应用中，如果检测到 SOF$_2$ 含量显著提高，则说明设备故障程度进一步恶化，因此 SOF$_2$ 可以作为表征设备故障程度和绝缘状态的特征量。

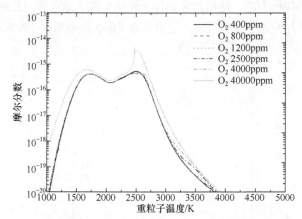

图 3-34　不同氧气含量下 SOF$_2$ 的摩尔分数随重粒子温度的变化

从图 3-35 可以看出，当氧气含量为 40000ppm 时，SOF$_4$ 的摩尔分数曲线分别在 1800K 以下和 2300K 以上温度区间内与较低氧气含量下的计算结果相比表现出偏离，这主要由不同氧气含量下偏离热力学平衡的程度引起。

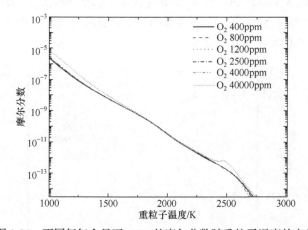

图 3-35　不同氧气含量下 SOF$_4$ 的摩尔分数随重粒子温度的变化

如图 3-36 所示的计算结果表明，随着氧气含量由 400ppm 增加到 40000ppm，SO$_2$F$_2$ 的摩尔分数提高了约 100 倍，说明氧气含量越高，越能促进 SO$_2$F$_2$ 的生成。

本书研究表明，SO₂F₂ 含量与设备中氧气含量正相关，在实际应用中，可以利用 SO₂F₂ 含量来表征设备内氧气含量及设备故障程度。

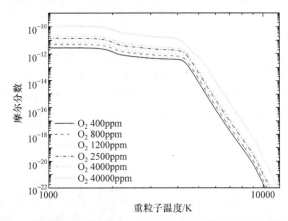

图 3-36　不同氧气含量下 SO₂F₂ 的摩尔分数随重粒子温度的变化

S₂OF₁₀ 主要通过 SOF₅ 和 SF₅ 复合形成，因此 S₂OF₁₀ 的摩尔分数动态特性更多地依赖于 SOF₅ 和 SF₅ 的摩尔分数。与 SOF₅ 不同，SF₅ 的生成和去除不受氧气等杂质的影响，因此 S₂OF₁₀ 的摩尔分数随氧气含量变化的动态特性取决于 SOF₅ 摩尔分数受氧气含量的影响程度。因此，与 SOF₅ 类似，当氧气含量为 40000ppm 时，S₂OF₁₀ 的摩尔分数曲线分别在 1600K 以下和 2100K 以上与较低氧气浓度下的计算结果相比显示出较明显的提升，如 S₂OF₁₀ 在 1000K 下的摩尔分数随氧气的增加提高了约 10 倍。

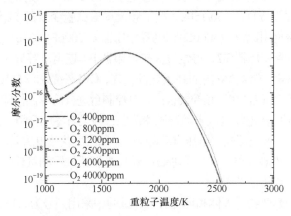

图 3-37　不同氧气含量下 S₂OF₁₀ 的摩尔分数随重粒子温度的变化

3.1.4　火花放电下的 SF₆ 气体分解产物检测

1. 试验准备

1) 试验回路

图 3-38 为基于 126kV GIS 装置的火花放电试验回路,通过调压器升高 GIS 针板电极电压直至测到火花放电发生,随后触发变压器系统的零压合闸功能,使得针板电极两端电压下降为零并保持 10s,期间不再产生任何火花放电。上述过程计为一次火花放电,随后继续升高电压开始下一次火花放电。

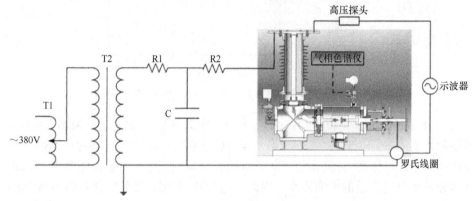

图 3-38　基于 126kV GIS 装置的火花放电试验回路

整个回路包含了 380V 交流电源、变压器系统、高压探头、罗氏线圈、示波器和 126kV GIS 装置等。其中,变压器系统主要包括 AC-2000 工频控制台、接触式电动调压器 T1、滤波器、YDTW-30/150kV 型工频无局放试验变压器 T2(测量绕组电压比为 1000∶1)、保护电阻器 R1(5000Ω)和电容分压器 C(500pF)。380V 交流电源经由调压器 T1 直接连接到变压器 T2,再经过保护电阻器 R1 连至电容分压器 C,通过内含铜线的铝箔管与 GIS 绝缘套管内的高压导杆相连,GIS 外壳和丝杠接地。实际上,调压器 T1 和变压器 T2 包含在工频控制台内,对控制台进行简单操作即可完成对电压的调节。控制台采用同步电流电极驱动调压器调压,并设有零压合闸,当 GIS 放电气室内发生火花放电后,变压器输出电压自动降为零。每次火花放电后采用型号为 BK1540 的高压探头测量放电瞬间电压,采用 Pearson101 型罗氏线圈测量瞬时放电电流。

2) 真空泵和产物回收装置

考虑到 SF₆ 分解产物对人体和环境有害,试验中采用型号为 0.16kW Edwards RV5 两级真空泵和型号为 DILO B048R01 的 SF₆ 气体回收装置来回收 GIS 放电腔体内的气体。在试验结束后,并再次充气体之前,利用 SF₆ 气体回收装置将 GIS 放电腔体内的有害气体成分进行回收,避免了有害气体进入大气对人体和环境的破坏;使用真空泵将 GIS 放电腔体内的气压抽至 10Pa 以下,之后继续抽气 30min 以去除 GIS 内部杂质。

3) 微水微氧检测设备

往已经抽真空的 GIS 放电腔体内注入一定量的水蒸气和氧气后，利用安装在 SF₆ 气体钢瓶上的二级气体减压阀控制气体流速，向试验腔体内充入纯度为 99.99999%的 SF₆ 气体，当观察到腔体上的气压表示数为 0.3MPa(表压)时停止充气。静置 12h 待 GIS 放电腔体内气体充分扩散均匀后，使用型号为 DKWS-S 的 SF₆智能微水测量仪和型号为 HGAS-OBF 的微氧分析仪检测腔体内的水蒸气和氧气含量。SF₆智能微水测量仪的响应时间小于 60s，采样流量为 0.6L/min，微氧分析仪的响应时间为 15s，采样流量为 0.3L/min，对放电腔体气压影响较小，测量范围大，操作简单，精度高，可以满足试验要求。

4) 火花试验方法和放电能量计算

GIS 放电腔体内的微水微氧含量调节完成后，按照试验原理连接线路，利用控制调压器逐步升高 GIS 针板电极两端电压至 28kV，通过观察窗观测到火花放电发生。火花放电发生后立即触发变压器系统的零压合闸功能，使得针板电极两端电压下降为零并保持 10s，期间不再产生任何火花放电。上述过程计为一次火花放电，随后继续升高电压，开始下一次火花放电。通过高压探头、罗氏线圈和示波器采集单次火花放电的瞬时电压和瞬时电流，根据式(3-1)计算单次火花放电的能量：

$$E = \int U(t)I(t)\mathrm{d}t = k \cdot \Delta t \cdot \sum_{m}^{n} U_m I_m \tag{3-1}$$

式中，$U(t)$为瞬时放电电压；$I(t)$为瞬时放电电流；k 为综合转化系数；Δt 为示波器采样时间间隔；m 为某采样点；n 为采样总点数；U_m为示波器在第 m 采样点采集到的电压；I_m为示波器在第 m 采样点采集到的电流。

针对不同杂质含量条件，分别进行 500 次火花放电。每 100 次取一次气体进行检测分析，并根据式(3-1)计算获得每 100 次火花放电的总能量，火花放电能量与放电次数的关系如图 3-39 所示。

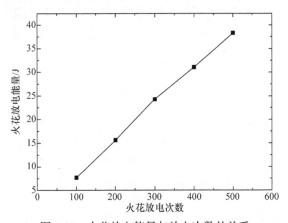

图 3-39　火花放电能量与放电次数的关系

5) SF$_6$ 分解气体的采集和检测

每 100 次火花放电结束后，将电压降为零，GIS 试验装置及变压器系统通过接地棒充分接地，采气前先将采气袋反复抽真空。利用球阀控制气体流速，在采气袋内收集约 100mL 的 SF$_6$ 分解混合气体用于色谱仪检测分析。

为防止采集到的样气发生二次化学反应，采气结束后迅速采用色谱仪对样气进行分析检测。利用特氟龙软管连接采样袋出气口和色谱仪进样口，挤压采样袋使样气匀速进入色谱仪。在观察到色谱仪的出气管在水中出现连续气泡后，继续进样 30s，随后开始分析样气组分和含量。

在使用气相色谱仪分析 SF$_6$ 分解组分前要对试验所关注的分解产物(SO$_2$F$_2$、SOF$_2$ 和 SO$_2$)标气分别进行标定，得到不同产物的保留时间和浓度所对应的峰面积。本小节试验采用 SO$_2$F$_2$、SOF$_2$ 和 SO$_2$ 标气，标气配置表及其在色谱柱中的保留时间如表 3-8 所示。

表 3-8　标气配置表及其在色谱柱中的保留时间

组分	浓度/ppm	背景气体	体积/L	保留时间/min
SO$_2$F$_2$	100	N$_2$	4	11.400
SOF$_2$	20	N$_2$	4	14.749
SO$_2$	100	N$_2$	4	18.243

2. 不同水蒸气含量下 SF$_6$ 分解产物含量

SF$_6$ 分解特征气体 SO$_2$F$_2$、SOF$_2$ 和 SO$_2$ 与高压开关设备的故障类型密切相关，因此本书主要关注的是 SO$_2$F$_2$、SOF$_2$ 和 SO$_2$。水蒸气含量为 526ppm 时，SO$_2$F$_2$、SOF$_2$ 和 SO$_2$ 的含量随火花放电能量变化的规律如图 3-40 所示。这三种产物的含量随火花放电能量线性增长，在 500 次火花放电结束后，火花放电能量高达 38J，SO$_2$F$_2$、SOF$_2$ 和 SO$_2$ 的最高含量分别为 2.64702ppm、65.13898ppm 和 3.60722ppm。

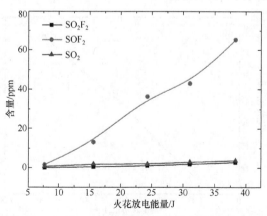

图 3-40　水蒸气含量为 526ppm 时，SO$_2$F$_2$、SOF$_2$ 和 SO$_2$ 的含量随火花放电能量变化的规律

　　水蒸气含量为 1240ppm 时，SO₂F₂、SOF₂ 和 SO₂ 的含量随火花放电能量变化的规律如图 3-41 所示。在 500 次火花放电后，火花放电能量高达 38J，SO₂F₂、SOF₂ 和 SO₂ 的最大含量分别可达 2.92833ppm、103.89205ppm 和 6.80442ppm，含量的大小顺序为 SOF₂>SO₂>SO₂F₂。三种产物的含量随火花放电能量线性增长。与水蒸气含量为 526ppm 时的数据相比，SOF₂ 和 SO₂ 的含量有大幅增长，而 SO₂F₂ 的含量几乎不变。

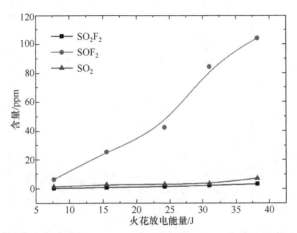

图 3-41　水蒸气含量为 1240ppm 时，SO₂F₂、SOF₂ 和 SO₂ 的含量随火花放电能量变化的规律

　　水蒸气含量为 2422ppm 时，SO₂F₂、SOF₂ 和 SO₂ 的含量随火花放电能量变化的规律如图 3-42 所示。在进行 500 次火花放电试验后，火花放电能量高达 38J，SO₂F₂ 的含量为 2.9755ppm，SOF₂ 的含量为 108.52388ppm，SO₂ 的含量为 11.09524ppm。与水蒸气含量为 1240ppm 时的检测结果相比，SO₂F₂、SOF₂ 和 SO₂ 的含量仍然随火花放电能量线性增长且含量的大小排序没有变化，此外，SOF₂ 和 SO₂ 的含量继续增加，而 SO₂F₂ 的含量基本保持不变。

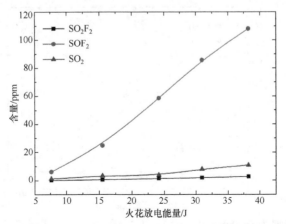

图 3-42　水蒸气含量为 2422ppm 时，SO₂F₂、SOF₂ 和 SO₂ 的含量随火花放电能量变化的规律

　　水蒸气含量为 4302ppm 时，SO₂F₂、SOF₂ 和 SO₂ 的含量随火花放电能量变化的规律如图 3-43 所示。可以看出，三种产物的含量随火花放电能量线性增长，最终在试验结束时，火花放电能量高达 38J，SO₂F₂、SOF₂ 和 SO₂ 的含量分别为 4.12993ppm、122.28128ppm 和 13.55591ppm。与水蒸气含量为 2422ppm 时的数据相比，三种产物含量的大小排序没有变化，且 SOF₂ 和 SO₂ 的含量继续增长，而 SO₂F₂ 的含量增长缓慢。

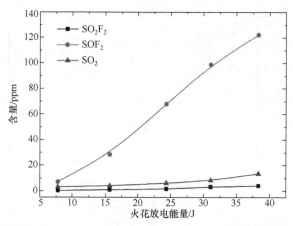

图 3-43　水蒸气含量为 4302ppm 时，SO₂F₂、SOF₂ 和 SO₂ 的含量随火花放电能量变化的规律

　　水蒸气含量为 5649ppm 时，SO₂F₂、SOF₂ 和 SO₂ 的含量随火花放电能量变化的规律如图 3-44 所示。结果表明，SO₂F₂、SOF₂ 和 SO₂ 最终在试验结束时分别增长至 9.19293ppm、161.54712ppm 和 23.87248ppm，此时火花放电能量高达 38J。各分解产物含量的大小排序为 SOF₂>SO₂>SO₂F₂，它们的含量随火花放电能量线性增长。与水蒸气含量为 4302ppm 时的数据相比，SOF₂ 和 SO₂ 的含量继续增长，而 SO₂F₂ 的含量增加较小。

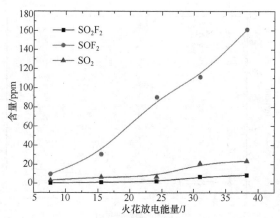

图 3-44　水蒸气含量为 5649ppm 时，SO₂F₂、SOF₂ 和 SO₂ 的含量随火花放电能量变化的规律

3. 不同氧气含量下 SF₆ 分解产物含量

氧气含量为 1213ppm 时，SO_2F_2、SOF_2 和 SO_2 的含量随火花放电能量变化的规律如图 3-45 所示。这三种产物的含量随火花放电能量线性增长，在 500 次火花放电结束后，火花放电能量高达 38J，SO_2F_2、SOF_2 和 SO_2 的最大含量分别为 2.82373ppm、85.09342ppm 和 8.19258ppm，不同产物含量的大小顺序为 $SOF_2 > SO_2 > SO_2F_2$。

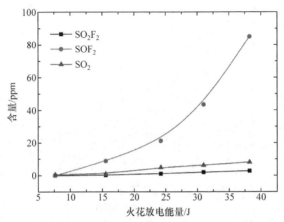

图 3-45　氧气含量为 1213ppm 时，SO_2F_2、SOF_2 和 SO_2 的含量随火花放电能量变化的规律

氧气含量为 1848ppm 时，SO_2F_2、SOF_2 和 SO_2 的含量随火花放电能量变化的规律如图 3-46 所示。在 500 次火花放电结束后，火花放电能量高达 38 J，SO_2F_2、SOF_2 和 SO_2 的含量分别为 3.0739ppm、117.19963ppm 和 9.33677ppm。三种产物的含量随火花放电能量线性增长。与氧气含量为 1213ppm 时的数据相比，SOF_2 和 SO_2 的含量有增长，而 SO_2F_2 的含量几乎不变。

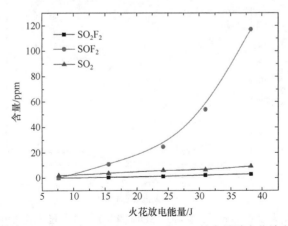

图 3-46　氧气含量为 1848ppm 时，SO_2F_2、SOF_2 和 SO_2 的含量随火花放电能量变化的规律

氧气含量为 2509ppm 时，SO_2F_2、SOF_2 和 SO_2 的含量随火花放电能量变化的规律如图 3-47 所示。在进行 500 次火花放电试验后，火花放电能量高达 38 J，SO_2F_2 的含量为 3.5531ppm，SOF_2 的含量为 122.72693ppm，SO_2 的含量为 13.96173ppm。与氧气含量为 1848ppm 时的检测结果相比，SOF_2、SO_2F_2 和 SO_2 的含量仍然随火花放电能量线性增长且含量的大小排序没有变化，此外 SOF_2 和 SO_2 的含量继续增加，而 SO_2F_2 的含量基本保持不变。

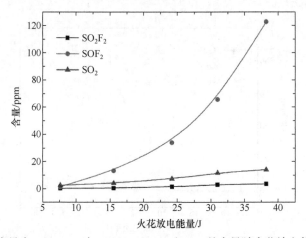

图 3-47　氧气含量为 2509ppm 时，SO_2F_2、SOF_2 和 SO_2 的含量随火花放电能量变化的规律

氧气含量为 3782ppm 时，SO_2F_2、SOF_2 和 SO_2 的含量随火花放电能量变化的规律如图 3-48 所示。可以看出，三种分解产物的含量随火花放电能量线性增长，最终在试验结束时，SO_2F_2、SOF_2 和 SO_2 的含量分别为 5.29983ppm、178.77208ppm 和 19.64987ppm，此时火花放电能量高达 38 J。

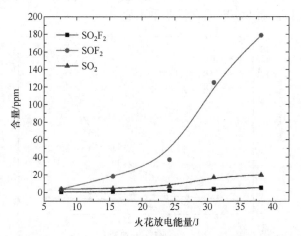

图 3-48　氧气含量为 3782ppm 时，SO_2F_2、SOF_2 和 SO_2 的含量随火花放电能量变化的规律

氧气含量为 5173ppm 时，SO$_2$F$_2$、SOF$_2$ 和 SO$_2$ 的含量随火花放电能量变化的规律如图 3-49 所示。结果表明，火花放电能量高达 38 J，SO$_2$F$_2$、SOF$_2$ 和 SO$_2$ 的含量随火花放电能量线性增长，最终在试验结束分别增长至 5.5059ppm、191.12731ppm 和 25.72295ppm。各分解产物含量的大小排序为 SOF$_2$>SO$_2$>SO$_2$F$_2$，它们的含量随火花放电能量线性增长。与氧气含量为 3782ppm 时的数据相比，SOF$_2$ 和 SO$_2$ 的含量继续增长，而 SO$_2$F$_2$ 的含量增加较小。

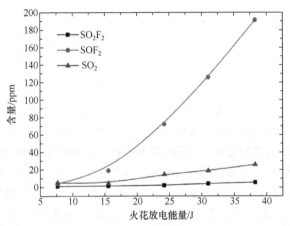

图 3-49　氧气含量为 5173ppm 时，SO$_2$F$_2$、SOF$_2$ 和 SO$_2$ 的含量随火花放电能量变化的规律

3.2　Cu 金属蒸气影响下的 SF$_6$ 气体分解机制

SF$_6$ 电弧等离子体组分会被触头烧蚀产生的 Cu 蒸气污染，从而影响高压 SF$_6$ 断路器的性能。但是，利用化学动力学模型研究 SF$_6$＋Cu 混合气体非平衡组分所需的分解路径与速率系数仍然不清楚。此外，SF$_6$＋Cu 分解产物可用于 GIS 绝缘故障诊断和 SF$_6$ 断路器电寿命评估，但 SF$_6$＋Cu 混合气体分解机理的不确定性阻碍了 SF$_6$ 分解产物分析方法的应用。鉴于此，本节研究 Cu 金属蒸气影响下的 SF$_6$ 分解机制及特征产物演化规律。

3.2.1　Cu 金属蒸气影响下的 SF$_6$ 气体分解路径与机理

1. 分解路径与优化结构

SF$_6$＋Cu 混合气体的分解路径如图 3-50 所示，共计 15 个化学反应 R1～R15，涵盖了 SF$_6$＋Cu 混合气体等离子体中的重要粒子(如 CuF、CuF$_2$ 和 CuS)。

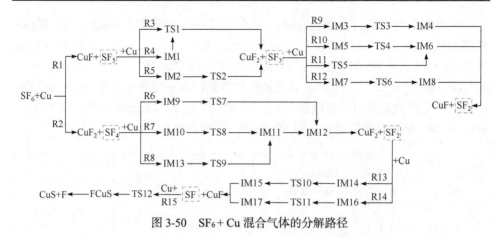

图 3-50　SF₆+Cu 混合气体的分解路径

　　SF₆ + Cu 混合气体分解路径中反应物和生成物的优化分子结构如图 3-51 所示。在硫酰氟的优化方面，本小节与部分文献有很好的一致性，最大偏差为 2%。本小节计算获得的 Cu—F 键长和 NIST 数据库报道的结果偏差为 6.09%，但 NIST 数据库中未考虑赝势，而本小节使用了双基组：F 和 S 原子的 6-311G(d,p)基组和 Cu 原子的 LanL2DZ 基组。本小节优化获得的 CuF_2 结构与 Ha 等[128]的结果一致。为了验证 B3LYP/LanL2DZ 方法的合理性，本小节使用 MP2 和 CCSD(T)方法结合上述基组优化获得 FCU 结构，与部分文献具有良好的一致性。因此，本小节采用的 B3LYP 方法结合 6-311G(d,p)基组和 LanL2DZ 基组适用于 S/F/Cu 化学体系。

　　表 3-9 列出了 SF₆ + Cu 混合气体分解过程中的 ZPE、经 ZPE 校正的总能量 E_{total} 及相对能量 $E_{relative}$(相对于反应物)。

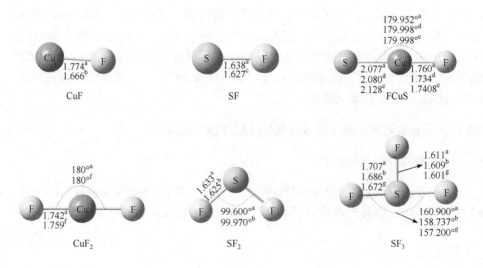

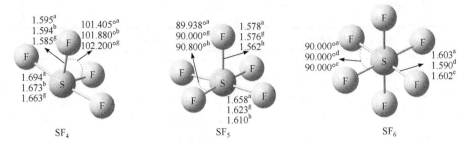

图 3-51　SF₆ + Cu 混合气体分解路径中反应物和生成物的优化分子结构(键长单位为 Å)

a. 本小节方法：B3LYP/6-311G(d,p)方法计算 F 原子和 S 原子，B3LYP/LanL2DZ 方法计算 Cu 原子；

b. NIST 数据库采用的方法 B3LYP/6-31G(d,p)；c. Irikura[129]采用的方法 MP2(full)/6-31G*；

d. 本小节方法：MP2/6-31+G(d) 方法计算 F 原子和 S 原子，MP2/ LanL2DZ 方法计算 Cu 原子；

e. 本小节方法：CCSD(T)/ cc-pVDZ 方法计算 F 原子和 S 原子，CCSD(T)/LanL2DZ 方法计算 Cu 原子；

f. Ha 等[128]采用的方法 Ab initio SCF；g. Cheung 等[122]采用的方法 MP2/6-31+G(d)；

h. Ziegler 等[130]采用的方法 LSDA/modified Slater-type orbital

表 3-9　SF₆ + Cu 混合气体分解过程中的 ZPE、经 ZPE 校正的总能量 E_{total} 及相对能量 $E_{relative}$(相对于反应物)

粒子	ZPE/a.u.	$E_{relative}$/(kcal · mol⁻¹)	E_{total}/a.u.
		SF₅ + Cu	
SF₅ + Cu	0.0137	0	−1093.5097
TS1	0.0129	−59.4622	−1093.6044
TS2	0.0127	−72.9241	−1093.6259
IM1	0.0129	−72.6876	−1093.6255
IM2	0.0130	−82.4409	−1093.6411
CuF₂ + SF₃	0.0104	−49.6724	−1093.5888
		SF₄ + Cu	
SF₄ + Cu	0.0108	0	−993.7077
TS7	0.0085	−28.7713	−993.7535
TS8	0.0085	−32.6832	−993.7598
TS9	0.0087	−31.1176	−993.7573
IM9	0.0094	−33.1545	−993.7605
IM10	0.0090	−35.8546	−993.7648
IM11	0.0099	−51.6672	−993.7900
IM12	0.0097	−51.5794	−993.7899
IM13	0.0093	−33.1513	−993.7605
CuF₂ + SF₂	0.0081	−29.5137	−993.7547
		SF₃ + Cu	
SF₃ + Cu	0.0066	0	−893.8787

粒子	ZPE/a.u.	$E_{\text{relative}}/(\text{kcal} \cdot \text{mol}^{-1})$	$E_{\text{total}}/\text{a.u.}$
TS3	0.0064	−19.102	−893.8787
TS4	0.0066	4.9385	−893.9091
TS5	0.0062	−17.1291	−893.8708
TS6	0.0062	−23.7996	−893.9060
IM3	0.0069	−22.4611	−893.9166
IM4	0.0065	−21.1602	−893.9145
IM5	0.0070	−35.7913	−893.9124
IM6	0.0077	−23.7901	−893.9357
IM7	0.0069	−22.1341	−893.9166
IM8	0.0068	−7.8978	−893.9140
$CuF + SF_2$	0.0057	−19.1020	−893.8913
$SF_2 + Cu$			
$SF_2 + Cu$	0.0042	0	−793.9980
TS10	0.0036	−10.4782	−794.0143
TS11	0.0033	−8.4833	−794.0111
IM14	0.0040	−21.8003	−794.0323
IM15	0.0045	−39.7214	−794.0609
IM16	0.0043	−11.1214	−794.0153
IM17	0.0049	−50.8778	−794.0786
$SF + CuF$	0.0032	−10.8402	−794.0150
$SF + Cu$			
$SF + Cu$	0.0018	0	−694.1210
TS12	0.0021	−26.6077	−694.1635
FCuS	0.0028	−35.4104	−694.1776
$CuS + F$	0.0008	14.9071	−694.0970
$SF_6 + Cu$			
$SF_6 + Cu$	0.0196	0	−1193.3900
$SF_5 + CuF$	0.0151	−17.9020	−1193.4185
$SF_4 + CuF_2$	0.0146	−45.7254	−1193.4600

2. 反应机理

1) $SF_6 + Cu$

SF_6 分子通过化学反应 R1：$SF_6 + Cu \longrightarrow CuF + SF_5$ 和化学反应 R2：$SF_6 +$

Cu ——→ CuF₂ + SF₄ 与 Cu 原子反应，势能面如图 3-52 所示。在化学反应 R1 中，F 原子从 SF₆ 分子转移到 Cu 原子，形成产物 CuF+SF₅，释放了 $17.9020 \text{kcal} \cdot \text{mol}^{-1}$ 的能量。在化学反应 R2 中，SF₆ 分子中的两个 F 原子被 S 原子排斥，并接近 Cu 原子，形成产物 CuF₂+SF₄，释放了 $45.7254 \text{kcal} \cdot \text{mol}^{-1}$ 的能量。化学反应 R2 中有一个以上的 F 原子从 SF₆ 分子迁移到 Cu 原子，释放的能量比化学反应 R1 中更多，因此化学反应 R2 比化学反应 R1 更不利于 SF₆ + Cu 的分解。

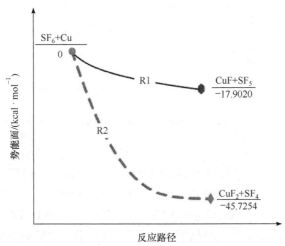

图 3-52　化学反应 SF₆ + Cu 的势能面(相对于反应物 SF₆+反应物 Cu)

2) SF₅ + Cu

SF₅ 分子在化学反应 R1 中生成后，进一步与 Cu 原子通过化学反应 R3：SF₅ + Cu ——→ TS1 ——→ CuF₂+SF₃、R4：SF₅ + Cu ——→ IM1 ——→ TS1 ——→ CuF₂+SF₃ 和 R5：SF₅ + Cu ——→ IM2 ——→ TS2 ——→ CuF₂+SF₃ 进行分解，势能面如图 3-53 所示。化学反应 R3 和 R4 中出现了具有唯一虚频的负 TS1(-139.6481cm^{-1})，并沿反应坐标克服了 $9.7898 \text{kcal} \cdot \text{mol}^{-1}$ 的势垒而演化为产物 CuF₂+SF₃。与化学反应 R3 相比，化学反应 R4 中的第一个稳定点为中间产物 IM1，其化学构型比反应物 SF₅ + Cu 更稳定，随着结构的变化转化为 TS1，同时势能从 $-72.6876 \text{kcal} \cdot \text{mol}^{-1}$ 上升至 $-59.4622 \text{kcal} \cdot \text{mol}^{-1}$。可以看出，IM1 的出现降低了反应物 SF₅ + Cu 到产物 CuF₂+SF₃ 的转化率。中间产物 IM2 和负 TS2 沿着反应坐标在化学反应 R5 中相继出现。TS2 的虚频(-134.0320cm^{-1})与 TS1 的虚频(-139.6481cm^{-1})数值接近，表明它们在势能面上都不明显。从图 3-53 还可以推断，由于 TS2 需要吸收 $23.2517 \text{kcal} \cdot \text{mol}^{-1}$ 的能量才能生成产物 CuF₂+SF₃，因此化学反应 R5 对于 SF₅ + Cu 分解的贡献小于其他反应。

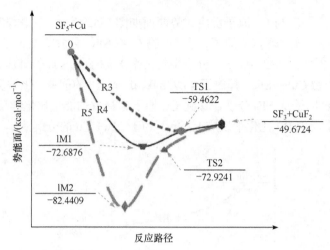

图 3-53 化学反应 $SF_5 + Cu$ 的势能面(相对于反应物 SF_5 +反应物 Cu)

3) $SF_4 + Cu$

SF_4+Cu 分解反应包含了化学反应 R6: $SF_4+Cu \longrightarrow IM9 \longrightarrow TS7 \longrightarrow IM12 \longrightarrow CuF_2 + SF_2$、R7: $SF_4+Cu \longrightarrow IM10 \longrightarrow TS8 \longrightarrow IM11 \longrightarrow IM12 \longrightarrow CuF_2 + SF_2$ 和 R8: $SF_4 + Cu \longrightarrow IM13 \longrightarrow TS9 \longrightarrow IM11 \longrightarrow IM12 \longrightarrow CuF_2 + SF_2$，势能面如图 3-54 所示。在化学反应 R6、R7 和 R8 中，反应物 $SF_4 + Cu$ 分别演化为中间产物 IM9、IM10 和 IM13。IM9 沿着反应坐标克服了 $4.3832kcal \cdot mol^{-1}$ 的势垒，从而到达反应势能面上的鞍点位置，即 TS7。TS7 在虚频下的振动模式体

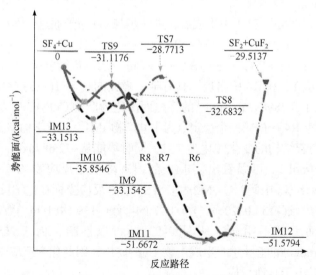

图 3-54 化学反应 $SF_4 + Cu$ 的势能面(相对于反应物 SF_4 +反应物 Cu)

现为 F 原子在 S 原子和 Cu 原子之间进行伸缩振动,同时 IRC 计算结果表明 TS7 沿着反应坐标的两个方向分解指向了 IM9 和 IM12。因此,TS7 在异构形成 IM12 的过程中释放了 22.8081kcal·mol^{-1} 的能量,同时形成了新键 Cu—F。IM10 克服了 3.1714kcal·mol^{-1} 的势垒转化为 TS8。TS8 沿着反应坐标释放了 18.9840kcal·mol^{-1}l 的能量,同时形成两个 Cu—F 键,生成了中间产物 IM11。IM13 和 IM11 通过 TS9(势垒为 2.0337kcal·mol^{-1})连接。IM11 转变为 IM12 所需的能量仅为 0.0878kcal·mol^{-1},IM12 进一步吸收 22.0657kcal·mol^{-1} 的能量转化为稳定产物 CuF₂ + SF₂。由于 TS7、TS8 和 TS9 的优化结构类似,其能量差别不大,因此化学反应 SF₄ + Cu ⟶ IMx ⟶ TSy(其中 x 代表 9、10 和 13,y 代表 7、8 和 9)可能在 SF₄ + Cu 分解中具有相同的贡献。

4) SF₃ + Cu

产物 SF₃ 进一步通过四个复杂的化学反应与 Cu 原子反应,即 R9:SF₃ + Cu ⟶ IM3 ⟶ TS3 ⟶ IM4 ⟶ CuF + SF₂、R10:SF₃ + Cu ⟶ IM5 ⟶ TS4 ⟶ IM6 ⟶ CuF + SF₂、R11:SF₃ + Cu ⟶ TS5 ⟶ IM6 ⟶ CuF + SF₂ 和 R12:SF₃ + Cu ⟶ IM7 ⟶ TS6 ⟶ IM8 ⟶ CuF + SF₂,势能面如图 3-55 所示。在化学反应 R9 中,反应物 SF₃ + Cu 通过释放 22.4611kcal·mol^{-1} 能量,同时断裂两个 S—F 键而达到 IM3 的稳定状态。IM3 通过克服 3.3591kcal·mol^{-1} 的势垒(TS3),转化为 IM4。IM4 中的 F 原子从 S 原子向自由基 Cu-F 迁移,键角 F—Cu—F 逐渐接近 180°,吸收 2.0582kcal·mol^{-1} 的能量并形成稳定的产物 CuF + SF₂。化学反应 R10 与化学反应 R9 类似:反应物 SF₃ + Cu 释放了 35.7913kcal·mol^{-1} 能量并断裂 S—F 键,从而转化为中间产物 IM5。IM5 进一步通过克服 TS4(势垒为 40.7298kcal·mol^{-1})转化为 IM6,同时势能下降到 –23.7901kcal·mol^{-1}。IM6 中的 S—Cu 键通过吸收 4.6881kcal·mol^{-1} 的能量发生断裂,生成产物 CuF + SF₂。可以推断,由于 TS4 的高势垒,化学反应 R10 在 SF₃ + Cu 分解反应中的作用低于化学反应 R9。在化学反应 R11 中,反应物 SF₃ + Cu 通过负 TS5 分解为 IM6,其中 TS5 在虚频下的振动模式显示 Cu 原子在 S 原子和 F 原子之间拉伸。化学反应 R12 表明,反应物 SF₃ + Cu 的另一个稳定状态为 –22.1341kcal·mol^{-1} 的 IM7。TS6 在虚频下的振动模式显示,Cu 原子在两个 F 原子之间拉伸,说明 TS6 连接了 IM7 和 IM8。然后,IM8 中的 F 原子被 S 原子排斥,沿反应坐标接近 Cu,最终生成产物 CuF + SF₂。TS6 向 IM8 转化所需的能量为 15.9018kcal·mol^{-1},因此化学反应 R12 在 SF₃ + Cu 分解反应中的作用较小。

5) SF₂ + Cu

分解产物 SF₂ 与 Cu 原子发生以下化学反应,R13:SF₂ + Cu ⟶ IM14 ⟶

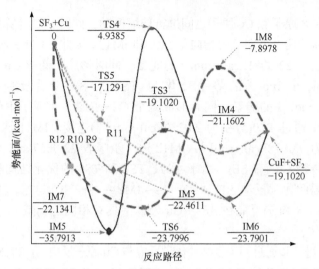

图 3-55 化学反应 $SF_3 + Cu$ 的势能面(相对于反应物 SF_3 +反应物 Cu)

$TS10 \longrightarrow IM15 \longrightarrow CuF + SF$ 和 R14: $SF_2 + Cu \longrightarrow IM16 \longrightarrow TS11 \longrightarrow$
$IM17 \longrightarrow CuF + SF$,势能面如图 3-56 所示。

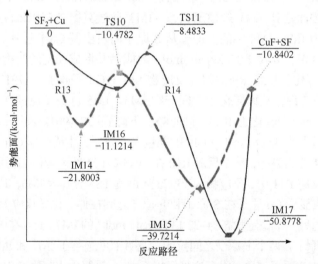

图 3-56 化学反应 $SF_2 + Cu$ 的势能面(相对于反应物 SF_2 +反应物 Cu)

反应物 $SF_2 + Cu$ 具有两种稳定状态,分别是 R13 中的 $IM14(-21.8003kcal \cdot mol^{-1})$ 和 R14 中的 $IM16(-11.1214kcal \cdot mol^{-1})$。IM14 由 S 原子、F 原子和 CuF 自由基组成,然后在 CuF 自由基中形成 S—F 键并围绕 F 原子旋转约 $90°$,克服了 $11.3221kcal \cdot mol^{-1}$

的势垒转化为 TS10。TS10 连接 IM14 和 IM15，IM15 进一步吸收 28.8812kcal·mol^{-1} 生成产物 CuF + SF。与化学反应 R13 类似，化学反应 R14 中的 TS11 连接了 IM16 和 IM17，IM17 中的 Cu—S 键沿反应坐标断裂，形成产物 CuF+SF。因此，化学反应 R14 以其较低的势阱在 SF₂ + Cu 分解中的贡献小于化学反应 R13。

3.2.2 Cu 金属蒸气影响下的 SF₆ 气体分解速率系数

SF₆ + Cu 分解反应的速率系数如图 3-57 所示。如图 3-57(a)所示，在 300～1500K 温度范围内，随温度升高，反应速率系数急剧增长。化学反应 R5、R6、R7、R8、R10、R12、R13 和 R14 以其较高的速率系数在 SF₆ + Cu 混合气体分解和 SF₆ 电弧衰减中起着重要作用。如图 3-57(b)所示，化学反应 R1、R2、R3、R11 和 R15 的速率系数随温度升高而降低。由于速率系数相似，R1 和 R2 对 SF₆ 分解具有相同的贡献。化学反应 R3、R11 和 R15 在 300～1500K 的低温范围内非常重要，在 CuS、CuF 和 CuF₂ 的积累过程中起主要作用。SF₆ + Cu 混合气体分解反应和速率系数均适用于非平衡 SF₆ 放电(电弧、电晕/局部放电和火花)等离子体的化学动力学模型。

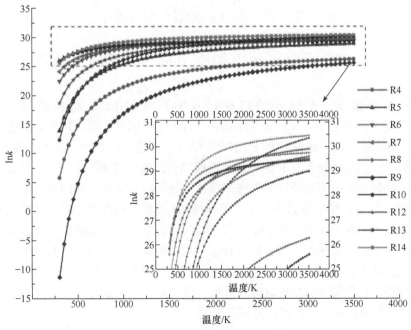

(a) 化学反应R4~R10和R12~R14的速率系数

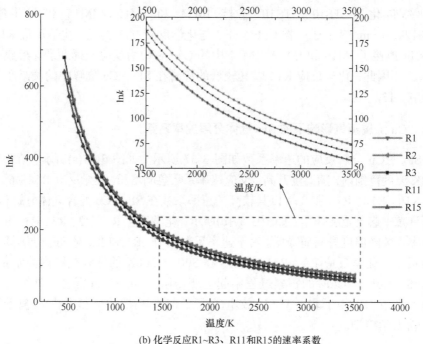

(b) 化学反应R1~R3、R11和R15的速率系数

图 3-57　$SF_6 + Cu$ 分解反应的速率系数

3.3　PTFE 材料蒸气影响下的 SF_6 气体分解机制

电弧烧蚀 SF_6 断路器喷口材料从而产生的 PTFE 材料蒸气(分子式为 $(CF_2—CF_2)_n$),将与 SF_6 发生复杂的化学反应,因此电弧等离子体的成分不仅是 SF_6 的离解产物,还包含 PTFE 释放的含 C、F 原子的产物。随着电弧的冷却,大多数含硫低氟化物会与 F 原子迅速重新结合以重新形成 SF_6 分子,但是少部分等离子组分会复合形成稳定的气态氟碳化合物,对 SF_6 断路器的灭弧能力产生重要影响。当 GIS 中的盆式绝缘子(环氧树脂)附近发生局部放电时,蒸发的环氧树脂气体与 SF_6 发生反应,使 SF_6 分解产物与低介电强度的氟碳化合物混合。在多次局部放电后,这些副产物会积聚起来,削弱绝缘能力,对设备及电力系统造成不可预测的威胁。迄今为止,人们对 SF_6 击穿特性和分解特性进行了大量的研究,但是 PTFE 材料蒸气的影响却鲜有报道。鉴于此,本节研究 PTFE 材料蒸气影响下的 SF_6 气体分解机制及特征分解产物演化规律。

3.3.1　PTFE 材料蒸气影响下的 SF₆ 气体分解路径与机理

1. PTFE + SF₆ 分解路径

SF₆ 气体在断路器喷口 PTFE 材料烧蚀蒸气影响下的分解体系如图 3-58 所示，共包含 17 个有过渡态结构的化学反应。计算获得的反应物、过渡态结构和产物的优化几何构型、振动频率与 NIST CCCBDB 提供的结果一致。PTFE + SF₆ 分解路径中间体 IM 和过渡态 TS 的优化结构如图 3-59 所示。

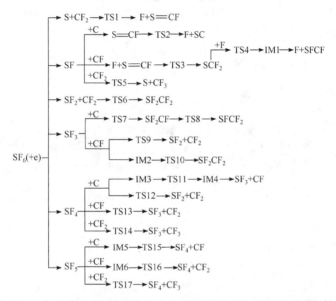

图 3-58　SF₆ 气体在断路器喷口 PTFE 材料烧蚀蒸气影响下的分解体系

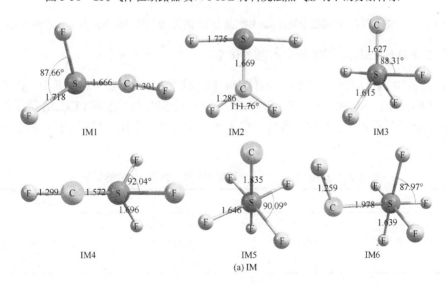

(a) IM

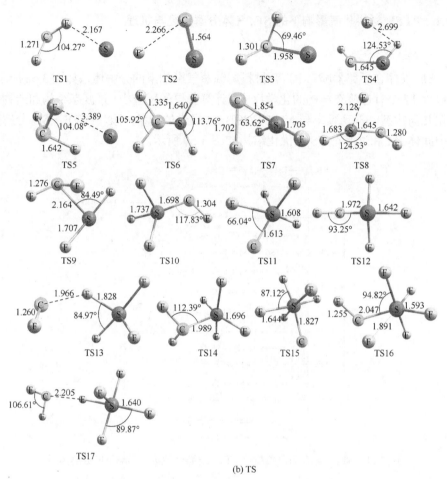

(b) TS

图 3-59　PTFE + SF$_6$ 分解路径中间体 IM 和过渡态 TS 的优化结构(键长单位为 Å，键角单位为°)

2. PTFE + SF$_6$ 分解路径中的能量信息

表 3-10 为反应物、产物、中间体 IM 和过渡态 TS 的能量信息。其中，将 C、CF、CF$_2$、CF$_3$、S、SC、F、SF、SF$_2$、SF$_4$ 和 SF$_6$ 的 SPE 与 NIST CCCBDB 提供的数据进行比较，得到了良好的一致性。表 3-10 中数据将用于反应机理分析和速率系数计算。

表 3-10　反应物、产物、中间体 IM 和过渡态 TS 的能量信息

粒子	ZPE/a.u.[a]	SPE/a.u.[b]	E_{total}/a.u.[c]
C	0	−37.7222072	−37.7222
CF	0.002952047	−137.5915091	−137.589
CF$_2$	0.006859379	−237.3961626	−237.389

续表

粒子	ZPE/a.u.[a]	SPE/a.u.[b]	E_{total}/a.u.[c]
CF₃	0.011989	−337.1447656	−337.133
S	0	−397.5949866	−397.595
SC	0.002965	−435.671403	−435.668438
F	0	−99.6167706	−99.6167706
S=CF	0.006188307	−535.3831314	−535.377
SCF₂	0.011219577	−635.1830412	−635.172
SF₂CF	0.010453209	−734.7355056	−734.725
SF₂CF₂	0.016340011	−834.5591344	−834.543
SFCF	0.008945191	−635.0873752	−635.078
SFCF₂	0.011919063	−734.8282189	−734.816
SF	0.00178	−497.3794835	−497.378
SF₂	0.004241	−597.1228239	−597.119
SF₃	0.006599	−696.8092932	−696.803
SF₄	0.010828	−796.5662727	−796.555
SF₅	0.013707	−896.2348636	−896.221
SF₆	0.019639	−996.012651	−995.993
IM1	0.010451	−734.7354962	−734.7250452
IM2	0.01634	−834.5591248	−834.5428
IM3	0.013907	−834.3821599	−834.3682529
IM4	0.014261	−834.4213762	−834.4071152
IM5	0.016894	−934.094181	−934.077287
IM6	0.020568	−1033.8980878	−1033.8775198
TS1	0.007091335	−634.9898515	−634.983
TS2	0.003287183	−535.2827255	−535.279
TS3	0.006972424	−634.9957671	−634.989
TS4	0.009264711	−734.7074934	−734.698
TS5	0.010254	−734.736554	−734.7263
TS6	0.013337574	−834.4925688	−834.479
TS7	0.008233	−734.521233	−734.513
TS8	0.009264788	−734.723264788	−734.714
TS9	0.012060408	−834.402813508	−834.3907531
TS10	0.013287983	−834.4143901	−834.401
TS11	0.013162331	−834.371387	−834.358
TS12	0.012452828	−834.240544828	−834.228

粒子	ZPE/a.u.[a]	SPE/a.u.[b]	E_{total}/a.u.[c]
TS13	0.013166	−934.102166	−934.089
TS14	0.017852	−1033.8392686	−1033.82
TS15	0.016545763	−934.0882173	−934.072
TS16	0.019561341	−1033.8702582	−1033.85
TS17	0.020493125	−1133.385493125	−1133.365

a. B3LYP/6-311G(d,p)方法。

b. CCSD(T)/aug-cc-pVDZ方法。

c. SPE＋ZPE校正方法。

3. PTFE＋SF$_6$分解机理

SF$_6$分解产生的基本单元 S 原子，将与 PTFE 分解产生的 CF$_2$ 通过化学反应 S＋CF$_2$ ⟶ TS1 ⟶ F＋S＝CF 进行反应。过渡态 TS1 的虚频振动模式表明，当反应体系中的 C 原子靠近 S 原子时，CF$_2$ 中的 F 原子则从 C 原子上脱离，分别形成反应物体系 S＋CF$_2$ 和产物体系 F＋S＝CF，该过程同样获得了 IRC 计算的证实。该反应的发生需要跨越 0.62751kcal·mol^{-1} 的能量，如图 3-60 所示。

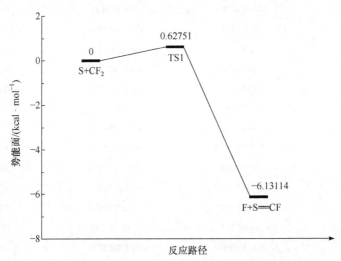

图 3-60　化学反应 S＋CF$_2$ ⟶ TS1 ⟶ F＋S＝CF 的势能面(相对于反应物)

SF$_6$ 解离产物 SF 的分解过程包括三个部分。产物体系 SF＋C 先形成能量较低的中间产物 S＝CF(−173.695kcal·mol^{-1})，再跨越过渡态 TS2 形成产物体系 F＋SC。TS2 的虚频振动模式为 C 原子和 F 原子之间的伸缩振动。产物体系 SF＋CF 同样先形成能量较低的过渡态体系 F＋S＝CF，再转化为过渡态 TS3，最后生成产物 SCF₂。SF 则直接与 CF₂ 发生化学反应，经过过渡态 TS5 生成产物体系 S + CF₃，所需能量为 $25.54861\text{kcal} \cdot \text{mol}^{-1}$。

SF₂ 与 CF₂ 发生化学反应，经过过渡态 TS6 形成产物 SF₂CF₂，所需要的能量为 $18.19778\text{kcal} \cdot \text{mol}^{-1}$。TS6 的虚频振动模式：当 C 原子靠近 S 原子时，新的 S—C 化学键形成，将 SF₂ 和 CF₂ 结合在一起；S—C 化学键伸长直至断裂，则形成反应物体系 SF₂ + CF₂。

SF₃ 通过化学反应 SF₃ + C ⟶ TS7 ⟶ SF₂CF、SF₂CF ⟶ TS8 ⟶ SFCF₂、SF₃ + CF ⟶ TS9 ⟶ SF₂ + CF₂ 和 SF₃ + CF ⟶ IM2 ⟶ TS10 ⟶ SF₂CF₂ 发生分解。

3.3.2　PTFE 材料蒸气影响下的 SF₆ 气体分解速率系数

PTFE 材料蒸气影响下的 SF₆ 气体分解速率系数如表 3-11 所示。通过分析速率系数可知，在 SF 分解过程中，化学反应 SF + C 占据主导地位，形成了关键产物 F 和 SC。化学反应 SF₃ + C ⟶ TS7 ⟶ SF₂CF ⟶ TS8 ⟶ SFCF₂、SF₄ + C ⟶ IM3 ⟶ TS11 ⟶ IM4 ⟶ SF₃ + CF 和 SF₅ + C ⟶ IM5 → TS15 ⟶ SF₄ + CF 则以较高的速率系数分别在 SF₃、SF₄ 和 SF₅ 分解中具有重要贡献。

表 3-11　PTFE 材料蒸气影响下的 SF₆ 气体分解速率系数

反应	速率系数(此列中 T 为温度)
S + CF₂ ⟶ TS1 ⟶ F + S=CF	$1.02 \times 10^{-16} \times T^{1.52251} \times \exp(-134.091/T)$
SF + C ⟶ S=CF ⟶ TS2 ⟶ F + SC	$5.47 \times 10^{13} \times T^{0.084105} \times \exp(-31469.48/T)$
SF + CF ⟶ F + S=CF ⟶ TS3 ⟶ SCF₂	$7.48 \times 10^{-18} \times T^{1.541411} \times \exp(-12769.67/T)$
SCF₂ + F ⟶ TS4 ⟶ IM1 ⟶ F + SFCF	$2.36 \times 10^{-16} \times T^{1.520805} \times \exp(282090/T)$
SF + CF₂ ⟶ TS5 ⟶ S + CF₃	$9.33 \times 10^{-21} \times T^{2.551306} \times \exp(-12263.14/T)$
SF₃ + C ⟶ TS7 ⟶ SF₂CF	$2.55 \times 10^{-18} \times T^{1.490798} \times \exp(-3387.109/T)$
SF₂CF ⟶ TS8 ⟶ SFCF₂	$1.28 \times 10^{13} \times T^{0.020646} \times \exp(-3753.609/T)$
SF₃ + CF ⟶ TS9 ⟶ SF₂ + CF₂	$6.89 \times 10^{-23} \times T^{2.490682} \times \exp(365.449/T)$
SF₃ + CF ⟶ IM2 ⟶ TS10 ⟶ SF₂CF₂	$8.91 \times 10^{12} \times T^{0.114122} \times \exp(-45195.63/T)$
SF₄ + C ⟶ IM3 ⟶ TS11 ⟶ IM4 ⟶ SF₃ + CF	$6.50 \times 10^{12} \times T^{0.013351} \times \exp(-3409.918/T)$
SF₄ + C ⟶ TS12 ⟶ SF₂ + CF₂	$3.52 \times 10^{-16} \times T^{1.512649} \times \exp(-15476.18/T)$
SF₄ + CF ⟶ TS13 ⟶ SF₃ + CF₂	$4.50 \times 10^{-19} \times T^{2.56631} \times \exp(-17268.53/T)$
SF₄ + CF₂ ⟶ TS14 ⟶ SF₃ + CF₃	$1.66 \times 10^{-22} \times T^{3.039768} \times \exp(-38940.68/T)$

反应	速率系数(此列中 T 为温度)
$SF_5 + C \longrightarrow IM5 \longrightarrow TS15 \longrightarrow SF_4 + CF$	$2.15 \times 10^{12} \times T^{0.006336} \times \exp(-1748.922/T)$
$SF_5 + CF \longrightarrow IM6 \longrightarrow TS16 \longrightarrow SF_4 + CF_2$	$5.83 \times 10^{-22} \times T^{2.458733} \times \exp(13345.1/T)$
$SF_5 + CF_2 \longrightarrow TS17 \longrightarrow SF_4 + CF_3$	$7.28 \times 10^{-21} \times T^{3.03239} \times \exp(-77249.58/T)$

3.4　本章小结

　　本章系统研究了 SF_6 及其解离产物 SF_5、SF_4 和 SF_3 等和 H_2O 分子、O_2 分子、OH 原子团和 O 原子，以及 Cu 金属蒸气和 PTFE 材料蒸气之间的相互作用，获得的 SF_6 分解路径、速率系数和分解产物演化规律更新了 SF_6 分解微观物理化学过程研究，补充了文献和数据库中所缺失的与 SF_6 分解相关的化学反应和微观数据。所得结论如下：

　　(1) 利用量子化学方法建立了 SF_6 在微水微氧、Cu 金属蒸气和 PTFE 材料蒸气等杂质下的微观分解模型，研究了不同杂质对 SF_6 分解过程及特征分解产物形成途径的影响，发现 SF_6 解离后形成的低氟硫化物，会进一步与杂质等发生化学反应，生成具有活性的中间产物或特征分解产物。中间产物将再次分解或者与杂质继续反应，直至演化为特征分解产物。最终构建了包含多条分解路径的 SF_6 分解体系。

　　(2) 基于量子化学方法计算得到的 SF_6 分解体系及相关微观数据，利用过渡态理论计算得到了速率系数和平衡常数。从速率系数角度分析了影响 SF_6 特征分解产物生成、去除的关键化学反应，为完善 SF_6 分解机理和特征分解产物形成机制等相关工作奠定基础。

　　(3) 建立了研究 SF_6 特征分解产物演化规律的非平衡化学动力学模型，通过求解元素化学计量数守恒、质量作用定律和电荷等中性条件组成的非线性方程组获得 SF_6 特征分解产物随时间和温度衰减的动态变化特性，揭示了 SF_6 特征分解产物的演化规律，深入研究了火花放电对不同微水微氧下 SF_6 特征分解产物的影响。

第 4 章　C_4F_7N 气体分解机制及特征分解产物演化规律

本章采用量子化学方法建立 C_4F_7N 分解微观模型，研究 O_2、N_2 和 Cu 金属蒸气背景气体下的 C_4F_7N 分解路径和机理，获得 C_4F_7N 分解所涉及的化学反应及其反应动力学势能面、能量等理论数据，利用过渡态理论获得 C_4F_7N 分解速率系数，结合化学动力学模型和实验揭示 C_4F_7N 特征分解产物演化规律。

4.1　纯 C_4F_7N 气体分解机制及特征分解产物演化规律

4.1.1　纯 C_4F_7N 气体分解路径与机理

纯 C_4F_7N 气体分解路径如图 4-1 所示，在此基础上讨论背景气体及杂质对 C_4F_7N 反应体系的影响规律。Zhang 等[64]使用 GGA-PBE 方法计算了化学反应 R1、R2 和 R4，Yu 等[53]使用 RS2/AVTZ 方法计算了化学反应 R1、R2 和 R4，而其他化学反应和速率系数尚未见报道。本小节将计算获得的 R1、R2 和 R4 反应机理与 Zhang 等[64]和 Yu 等[53]的计算结果进行了比较，得到了很好的一致性。C_4F_7N 分解产物将在理论上继续分解为基本原子(C、N 和 F)，但是需要更多的化学反应步骤，而且速率系数通常非常低，这意味着随着击穿温度的快速下降，该化学反应步骤不会对 C_4F_7N 的绝缘性能产生太大影响。

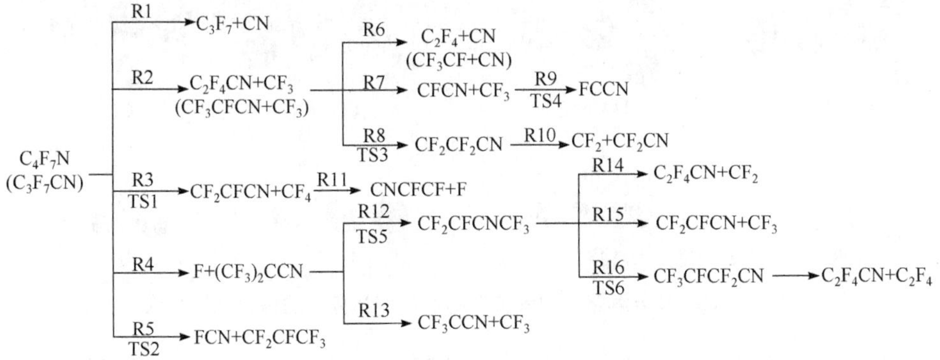

图 4-1　纯 C_4F_7N 气体分解路径

　　C₄F₇N 分解路径中各种产物、反应物分子的优化几何结构如图 4-2 所示。为了验证本小节采用的 B3LYP/6-311G(d,p)方法，将 CF₂、CF₃、CF₄、CN、FCN 和 C₂F₄的优化几何结构和谐波振动频率与 NIST CCCBDB 的实验数据进行了对比，结果显示本小节计算结果与实验数据吻合较好。虽然 C₂F₄CN、CF₃CFCF₂CN、CF₂CFCNCF₃、(CF₃)₂CCN、CF₂CF₂CN 和 CF₃CCN 的实验结构参数和振动频率仍然未见报道，但是本小节使用 MP2/STO-3G、CCSD(T)/aug-cc-pVDZ 和 B3PW91/6-31G 方法进行了计算，验证了本小节方法的准确性和合理性。

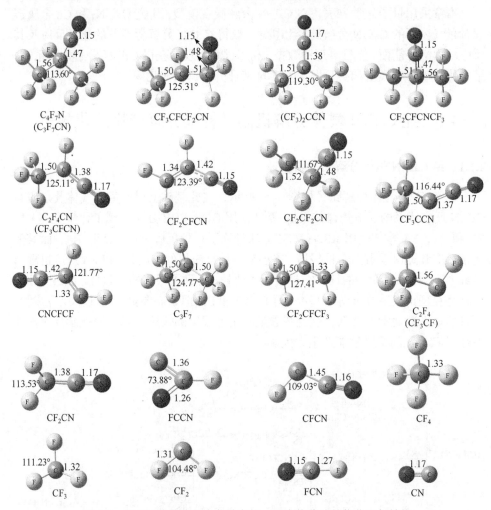

图 4-2　C₄F₇N 分解路径中各种产物、反应物分子的优化几何结构

　　从图 4-1 可以看出，化学反应 R1(C₄F₇N ⟶ C₃F₇ + CN)、R2(C₄F₇N ⟶ C₂F₄CN + CF₃)和 R4(C₄F₇N ⟶ F+(CF₃)₂CCN)是无过渡态结构的反应，而化学

反应 R3(C₄F₇N $\longrightarrow$ TS1 $\longrightarrow$ CF₂CFCN + CF₄)和 R5(C₄F₇N $\longrightarrow$ TS2 $\longrightarrow$ FCN + CF₂CFCF₃)是有过渡态结构的反应。C₄F₇N 分解反应能量路径如图 4-3 所示。通过柔性扫描 C₄F₇N 分子断键过程，发现了产物体系 C₃F₇ + CN、C₂F₄CN + CF₃ 和 F + (CF₃)₂CCN 的生成。上述断键过程所吸收的能量分别为 107.89kcal·mol⁻¹、73.14kcal·mol⁻¹ 和 91.37kcal·mol⁻¹。在化学反应 R1 中，当 NC—C₃F₇ 键长伸长到 4.97Å 时，反应体系结构中出现了一个能量为 3.42kcal·mol⁻¹ 的微小势垒，这是 NC—C₃F₇ 键在伸长过程中出现的键角剧烈变化所引起的。因此，化学反应 R1 出现的难度大于 R2 和 R4。产物体系 CF₂CFCN + CF₄ 和 FCN + CF₂CFCF₃ 可以分别通过过渡态 TS1 和 TS2 获得，需要克服的势垒分别为 106.96kcal·mol⁻¹ 和 73.14kcal·mol⁻¹。在化学反应 R3 中，过渡态 TS1 中的 CN≡CFCF₂—F 键断裂，并且从正常键长伸长至 1.44Å，与 CF₃ 结合形成 CF₄。与 R3 反应过程相似，R5 的反应过程也包含了 CF₃ 中 F 原子向 CN 靠近的过程。由于 TS1 和 TS2 的结构差异，TS2 的势垒比 TS1 低了 33.82kcal·mol⁻¹，因此化学反应 R5 比 R3 更容易发生。

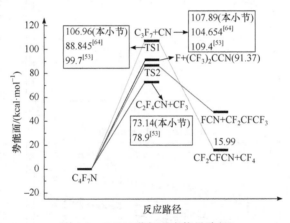

图 4-3　C₄F₇N 分解反应能量路径

4.1.2　纯 C₄F₇N 气体分解速率系数

根据过渡态理论，本小节计算获得的 C₄F₇N 等离子体反应体系速率系数的对数值与温度的关系如图 4-4 所示。单分子反应的速率系数单位为 s⁻¹，而双分子反应的速率系数单位为 cm³·mol⁻¹·s⁻¹。

化学反应 R1～R16 速率系数之间的差异是反应势能引起的。由于 R1 的反应势能高于 R2 和 R4，因此化学反应 R1 出现的难度大于 R2 和 R4，导致 R1 的速率系数低于 R2 和 R4。

图 4-5 为化学反应 R1～R5 对 C₄F₇N 分解的贡献率。可以看出，在 600K 以下温度

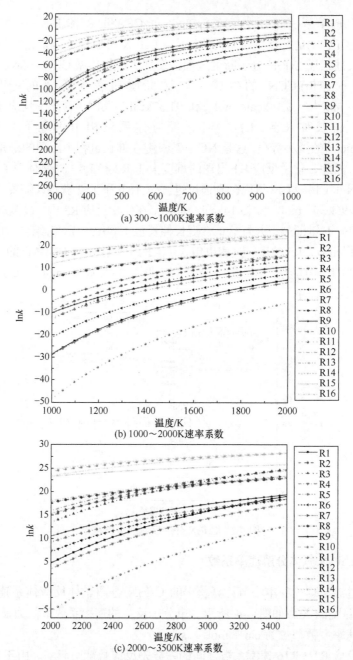

图 4-4　C_4F_7N 等离子体反应体系速率系数的对数值与温度的关系

范围内，化学反应 R5 起主要作用；在 600～3300K 温度范围内，R2 起主要作用；在 3300K 以上温度范围内，R3 起主要作用。不同温度范围内的关键反应如表 4-1 所示。

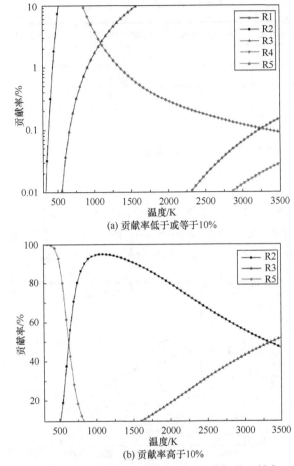

(a) 贡献率低于或等于10%

(b) 贡献率高于10%

图 4-5　化学反应 R1～R5 对 C₄F₇N 分解的贡献率

表 4-1　不同温度范围内的关键反应

粒子	300～600K	600～1000K	1000～1500K	1500～2500K	2500～3500K
C₄F₇N	R5	R2、R3			
(CF₃)₂CCN		R12			R13
CF₂CFCNCF₃		R15	R14、R16		
CF₂CFCN		R11 (分解)、R15 (生成)			
CF₂CF₂CN		R10			
CNCFCF		R11			
FCCN		R9			
CFCN		R7			
CF₄		R3			
CF₃		R15			

续表

粒子	300~600K	600~1000K	1000~1500K	1500~2500K	2500~3500K
CF$_2$			R14		R10
FCN			R5		
CN			R1、R6		

4.1.3　纯 C$_4$F$_7$N 气体特征分解产物演化规律

1. 温度衰减的影响

绝缘击穿开始时，体系内最主要的成分仍然为 C$_4$F$_7$N 分子，其余粒子含量可视为零。然而 C$_4$F$_7$N 在 3500K 高温下开始分解，分解组分随温度衰减而不断变化。图 4-6(a)给出了 0.02MPa 下，C$_4$F$_7$N 分解组分在不同温度衰减函数下的变化

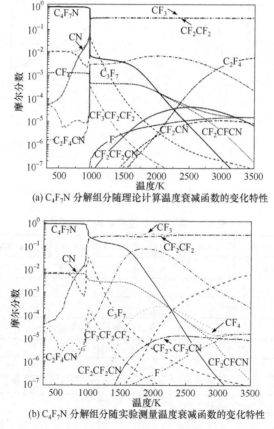

(a) C$_4$F$_7$N 分解组分随理论计算温度衰减函数的变化特性

(b) C$_4$F$_7$N 分解组分随实验测量温度衰减函数的变化特性

图 4-6　C$_4$F$_7$N 分解组分在不同温度衰减函数下的变化特性(气压为 0.02MPa)

特性，其中温度衰减函数采用理论计算结果。图 4-6(b)为采用实验测量的温度衰减函数所计算得到的 C$_4$F$_7$N 分解组分变化规律，气压为 0.02MPa。

如图 4-6 所示，C$_4$F$_7$N 分子的摩尔分数随温度降低而逐渐升高，在 1000K 以下迅速恢复至 1 附近，化学反应 C$_3$F$_7$ + CN ——→ C$_4$F$_7$N、C$_2$F$_4$CN + CF$_3$ ——→ C$_4$F$_7$N 和 CF$_2$CFCN + CF$_4$ ——→ C$_4$F$_7$N 对该过程具有较大贡献，表明绝缘击穿所带来的高温即使诱导 C$_4$F$_7$N 分子全部分解，绝大部分分解组分也能随着温度的降低而迅速复合为 C$_4$F$_7$N，因此 C$_4$F$_7$N 具有良好的绝缘自恢复特性。但是，由于化学反应从非平衡状态过渡到新的平衡态需要一定时间(弛豫过程)，体系在 300K 温度下仍然存在 CN、CF$_3$、CF$_2$CF$_2$、C$_2$F$_4$CN 和 CF$_3$CF$_2$CF$_2$ 等尚未来得及复合为 C$_4$F$_7$N 的组分，其绝缘强度明显低于 C$_4$F$_7$N，可能会导致体系绝缘强度下降。

由于理论计算获得的温度衰减函数相较于实验测量结果具有更快的衰减速度，使得多原子粒子不能够及时地合成，因此反应体系在较快的温度衰减速度下会在更大程度上偏离平衡态。根据图 4-6 所示结果不难发现：较快的温度衰减速度降低了 C$_4$F$_7$N 复合速率，使得同一温度下的 C$_4$F$_7$N 摩尔分数有所下降，同时提升了 CN、CF$_3$、CF$_2$CF$_2$ 等组分在 300K 下的摩尔分数，不利于绝缘强度恢复过程。

2. 气压衰减的影响

本小节选取 300K 下的主要组分 C$_4$F$_7$N、C$_2$F$_4$CN、C$_3$F$_7$、CF$_3$、CF$_4$ 和 CN 来说明气压衰减对 C$_4$F$_7$N 分解组分变化特性的影响，如图 4-7 所示。

如图 4-7(a)所示，当气压为 0.02MPa 时，C$_4$F$_7$N 在 3100K 以上完全分解，摩尔分数下降至 10^{-7} 以下，在 1000K 则快速增长至 1 左右；随着气压的提升，C$_4$F$_7$N 摩尔分数显著升高，极大地促进了 C$_4$F$_7$N 复合过程，使其摩尔分数在更高温度下接近于 1，有利于绝缘强度恢复。这是因为气压的升高增加了体系内粒子密度，从而提高了 C$_4$F$_7$N 复合率。

如图 4-7(b)所示，在 1500K 以上，升高气压可以提高 C$_2$F$_4$CN 生成率，促进其摩尔分数的提升；在 1500K 以下，气压变化对 C$_2$F$_4$CN 摩尔分数特性曲线无明显影响规律，这是生成和消耗 C$_2$F$_4$CN 化学反应的竞争结果。

如图 4-7(c)所示，在 1000K 以上，升高气压可以提高 C$_3$F$_7$ 生成率，促进其摩尔分数的提升。

如图 4-7(d)所示，在 2200K 以下，气压的提升带来了更高的 CF$_3$ 消耗率，降低了 CF$_3$ 的摩尔分数，促进了 CF$_3$ 向 C$_4$F$_7$N 转化，有利于绝缘强度恢复。

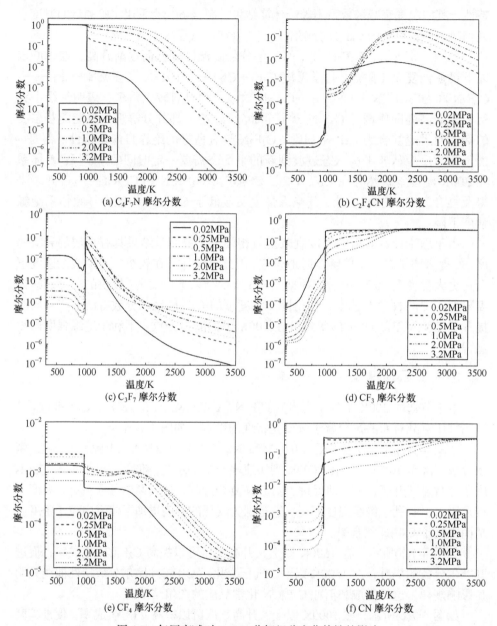

图 4-7　气压衰减对 C$_4$F$_7$N 分解组分变化特性的影响

如图 4-7(e)所示，在 1800K 以上，升高气压可以提高 CF$_4$ 生成率，促进其摩尔分数的提升；在 1800K 以下，气压变化对 CF$_4$ 摩尔分数特性曲线无明显影响规律，这是生成和消耗 CF$_4$ 化学反应的竞争结果。

如图 4-7(f)所示，在 3000K 以上，气压变化对 CN 摩尔分数特性曲线没有显著影响；在 3000K 以下，气压的提升带来了更高的 CN 消耗率，降低了 CN 摩尔分数，促进 CN 向 C_4F_7N 转化，有利于绝缘强度恢复。

4.2　O_2 影响下的 C_4F_7N 气体分解机制

在放电或局部过热情况下，背景气体中的 O_2 是 C_4F_7N 分解的关键诱因，如果分解物无法恢复为 C_4F_7N 或具有较低的绝缘和灭弧性能，C_4F_7N 作为绝缘或灭弧介质的应用前景将受到影响。因此，本小节研究了 O_2 对 C_4F_7N 等离子体反应体系的影响，首先对反应体系势能面上的所有反应物、产物和过渡态的几何结构进行优化，其次对反应物、过渡态和产物的能量进行了零点能校正，在相同水平上对所有过渡态采用内禀反应坐标法进行验证，最后获得 C_4F_7N + O 分解体系以及能量、振动频率等微观参数，阐明 O_2 影响下的 C_4F_7N 反应机理。

4.2.1　O_2 影响下的 C_4F_7N 气体分解路径与机理

C_4F_7N + O 分解模型如图 4-8 所示，可以看到体系首先被优化后为 C_4F_7NO 分子，其中 C_4F_7N 分子中 C—C 键断裂，形成新的化学键 C—O 键。

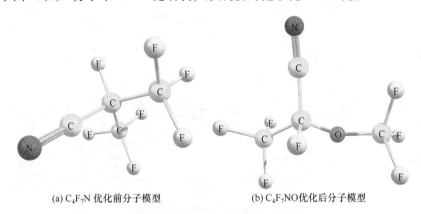

(a) C_4F_7N 优化前分子模型　　　　　　　　(b) C_4F_7NO 优化后分子模型

图 4-8　C_4F_7N + O 分解模型

C_4F_7N + O 分解体系如图 4-9 所示。

图 4-10 为 C_4F_7NO 分子主要反应路径，包含反应 R2($C_4F_7NO \longrightarrow C_3F_4NO$ + CF_3)、R5($C_4F_7NO \longrightarrow C_3F_7O$ + CN)、反应 R11($C_4F_7NO \longrightarrow TS1 \longrightarrow C_3F_5N$ + CF_2O)、R15($C_4F_7NO \longrightarrow TS2 \longrightarrow C_3F_3NO$ + CF_4)和 R21($C_4F_7NO \longrightarrow C_4F_7O$ + N)。CF_4 与 C_3F_3NO 自由基的距离也变长，标志着产物 C_3F_3NO + CF_4 的生成；当 F 原子向 C_3F_3NO 自由基移动时，CF_3 自由基也向 C_3F_3NO 靠近，从而形成反应物

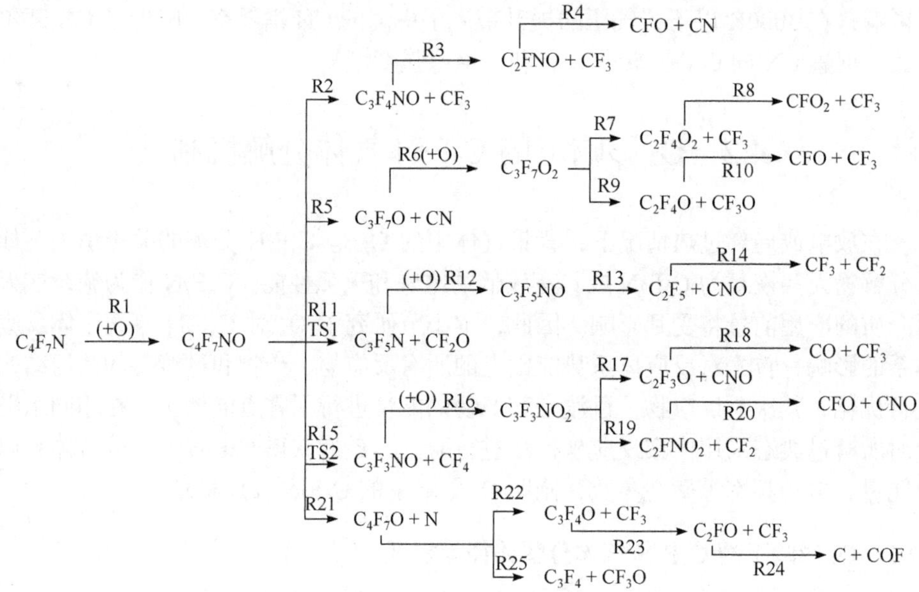

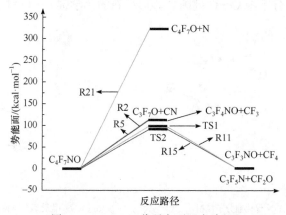

图 4-9　$C_4F_7N + O$ 分解体系

图 4-10　C_4F_7NO 分子主要反应路径

C_4F_7NO。化学反应 R11 和 R15 为含有过渡态的化学反应，反应的产生需要经历过渡态构型。虽然反应物和生成物的能量差较小，分别为 1.26kcal·mol^{-1} 和 2.51kcal·mol^{-1}，但反应分别需要跨越 98.52kcal·mol^{-1} 和 91.62kcal·mol^{-1} 的能量势垒才能发生，总体来看，反应 R11 和 R15 仍是需要能量较少的反应，在上述主要反应路径中是较容易发生的。反应 R21 对应 C═N 键的断裂，形成产物 C_4F_7O 和 N 原子，需要吸收 321.91kcal·mol^{-1} 的能量，在 C_4F_7NO 的分解过程中，C═N 键沿着能量最高的反应坐标断裂，所以化学反应 R21 比化学反应 R2、R5、R11、R15 发生的可能性要小得多。通过分析可知，CF_3 和 $F_3C—O$ 是 C_4F_7NO 的主要分解产物，其生成速率和含量将影响 C₄F₇N 绝缘和灭弧特性，在应用中需要予以关注。

4.2.2　O₂影响下的 C₄F₇N 气体分解速率系数

C₄F₇N + O 等离子体无过渡态反应速率系数对数曲线如图 4-11 所示。化学反应 R17 的速率系数远远高于化学反应 R19，因为化学反应 R17 的反应势能值(反应发生需吸收的热量)低于化学反应 R19，使得 R17 在 C₃F₃NO₂ 的分解中起主要作用。同样地，通过分析 C₃F₇O₂ 和 C₄F₇O 粒子分解反应速率也可以判断其主导的分解反应。

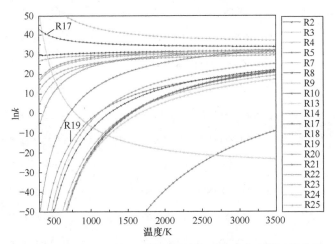

图 4-11　C₄F₇N + O 等离子体无过渡态反应速率系数对数曲线

表 4-2 为不同温度下 C₄F₇N + O 体系的主要分解反应，包括导致 C₄F₇N 发生分解以及 CO、CN、CF₂、CF₃、CF₃O 和 CFO 生成的主要反应。可以推断，CF₃ 和 CF₃O 是 C₄F₇NO 混合气体的主要分解产物，因为它们具有较高的生成速率系数。化学反应 R2~R25(除 R6、R12 和 R16)的 Arrhenius 公式拟合速率系数如表 4-3 所示。

表 4-2　不同温度下 C₄F₇N + O 体系的主要分解反应

粒子	300~1000K	1000~2000K	2000~3500K
C₄F₇N	R2	R2	R2、R5、R11、R15
CO	R18	R18	R18
CN	R4、R5	R4、R5	R4、R5
CF₂	R14	R14	R14
CF₃	R2、R7	R2、R3、R7、R14、R18、R22	R2、R3、R7、R8、R10、R14、R18、R22、R23
CF₃O	R25	R25	R25
CFO	R20	R20	R4、R20、R24

表 4-3　化学反应 R2~R24(除 R6、R12 和 R16)的 Arrhenius 公式拟合速率系数

反应	方程式	速率系数拟合结果
R2	$C_4F_7NO \longrightarrow C_3F_4NO+CF_3$	$k=0.351 \cdot T^{0.5132} \cdot e^{-0.4018/T}$
R3	$C_3F_4NO \longrightarrow C_2FNO+CF_3$	$k=2.432 \cdot T^{1.84} \cdot e^{-0.2769/T}$
R4	$C_2FNO \longrightarrow CFO+CN$	$k=0.6911 \cdot T^{2.005} \cdot e^{-0.2551/T}$
R5	$C_4F_7NO \longrightarrow C_3F_7O+CN$	$k=0.8098 \cdot T^{2.191} \cdot e^{-0.04962/T}$
R7	$C_3F_7O_2 \longrightarrow C_2F_4O_2+CF_3$	$k=0.5853 \cdot T^{0.2238} \cdot e^{-0.7513/T}$
R8	$C_2F_4O_2 \longrightarrow CFO_2+CF_3$	$k=0.7632 \cdot T^{1.323} \cdot e^{-0.7547/T}$
R9	$C_3F_7O_2 \longrightarrow C_2F_4O+CF_3O$	$k=0.6797 \cdot T^{0.6551} \cdot e^{-0.1626/T}$
R10	$C_2F_4O \longrightarrow CFO+CF_3$	$k=0.573 \cdot T^{1.36} \cdot e^{-0.7952/T}$
R11	$C_4F_7NO \longrightarrow TS1 \longrightarrow C_3F_5N+CF_2O$	$k=0.5559 \cdot T^{1.332} \cdot e^{-0.5797/T}$
R13	$C_3F_5NO \longrightarrow C_2F_5+CNO$	$k=0.3197 \cdot T^{8.45} \cdot e^{-0.03445/T}$
R14	$C_2F_5 \longrightarrow CF_2+CF_3$	$k=0.576 \cdot T^{0.600} \cdot e^{493.952/T}$
R15	$C_4F_7NO \longrightarrow TS2 \longrightarrow C_3F_3NO+CF_4$	$k=0.8768 \cdot T^{1.551} \cdot e^{-0.1299/T}$
R17	$C_3F_3NO_2 \longrightarrow C_2F_3O+CNO$	$k=0.9134 \cdot T^{0.6324} \cdot e^{-0.09754/T}$
R18	$C_2F_3O \longrightarrow CO+CF_3$	$k=0.8352 \cdot T^{8.195} \cdot e^{-0.3171/T}$
R19	$C_3F_3NO_2 \longrightarrow C_2FNO_2+CF_2$	$k=0.543 \cdot T^{1.463} \cdot e^{-0.9572/T}$
R20	$C_2FNO_2 \longrightarrow CFO+CNO$	$k=1.171 \cdot T^{0.822} \cdot e^{2181.972/T}$
R21	$C_4F_7NO \longrightarrow C_4F_7O+N$	$k=2.937 \cdot 10^{-8} \cdot T^{0.6012} \cdot e^{-30.1/T}$
R22	$C_4F_7O \longrightarrow C_3F_4O+CF_3$	$k=0.593 \cdot T^{0.605} \cdot e^{587.879/T}$
R23	$C_3F_4O \longrightarrow C_2FO+CF_3$	$k=1.733 \cdot T^{2.629} \cdot e^{-0.4733/T}$
R24	$C_2FO \longrightarrow C+CFO$	$k=0.598 \cdot T^{1.681} \cdot e^{-0.2435/T}$

4.3　N_2 影响下的 C_4F_7N 气体分解机制及特征分解产物演化规律

4.3.1　N_2 影响下的 C_4F_7N 气体分解路径与机理

C_4F_7N 通常与 N_2 等常规气体混合以降低液化温度，因此 $C_4F_7N + N_2$ 混合气体的分解路径及特征分解产物对于研发此类新型环保电气设备具有重要指导意义。在放电或局部过热情况下，$C_4F_7N + N_2$ 混合气体分解路径如图 4-12 所示。

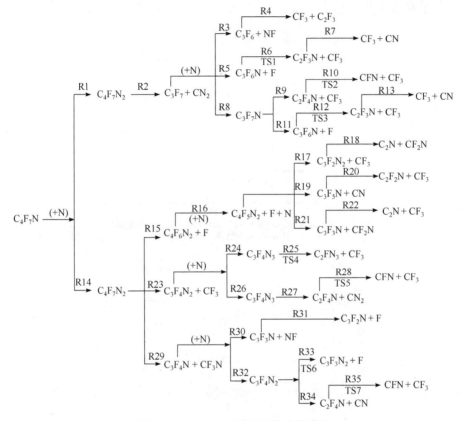

图 4-12　$C_4F_7N+N_2$ 混合气体分解路径

$C_4F_7N_2$ 分解反应势能面如图 4-13 所示，包含化学反应 R2($C_4F_7N_2$(F_3C—(F)C((N—)C(=N))—CF_3)——>$C_3F_7 + CN_2$)、R15($C_4F_7N_2$ (F_3C—N—(F)C(C=N)—CF_3)——>$C_4F_6N_2$ + F)、R23($C_4F_7N_2$(F_3C—N—(F)C(C=N)—CF_3)——>$C_3F_4N_2$ + CF_3)和 R29($C_4F_7N_2$(F_3C—N—(F)C(C=N)—CF_3)——>C_3F_4N + CF_3N)。化学反应 R2 与化学反应 R15、R23、R29 中反应物 $C_4F_7N_2$ 的分解机理不同。化学反应 R2 对应 $C_4F_7N_2$ 中心碳原子和与之相邻碳原子之间 C—C 键的断裂过程，形成 CN_2 分子和 C_3F_7 分子，生成物与反应物的能量差为 85.341kcal·mol⁻¹。化学反应 R15 对应 C 原子与 F 原子 C—F 键的断裂过程，形成了 $C_4F_6N_2$ 分子和 F 原子，反应过程需要吸收 42.043kcal·mol⁻¹ 的能量。对于化学反应 R23，该过程对应 C=(N)—CF_3 断裂过程，得到生成物 $C_3F_4N_2$ 与 CF_3。同样，化学反应 R29 展示了 $C_4F_7N_2$ 中心碳原子与相邻氮原子的 C—N 断键过程，吸收 57.731kcal·mol⁻¹ 的能量并生成

C_3F_4N 与 CF_3N。在四条主要反应路径中，化学反应 R2 需要吸收 85.341kcal·mol^{-1} 的能量，是最难发生的过程，而化学反应 R23 只需要吸收 6.275kcal·mol^{-1} 的能量，是最容易发生的过程。

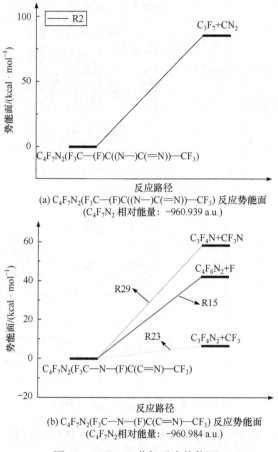

(a) $C_4F_7N_2(F_3C—(F)C((N—)C(=N))—CF_3)$ 反应势能面
($C_4F_7N_2$ 相对能量：−960.939 a.u.)

(b) $C_4F_7N_2(F_3C—N—(F)C(C=N)—CF_3)$ 反应势能面
($C_4F_7N_2$ 相对能量：−960.984 a.u.)

图 4-13　$C_4F_7N_2$ 分解反应势能面

4.3.2　N_2 影响下的 C_4F_7N 气体分解速率系数

图 4-14 为 $C_4F_7N + N_2$ 分解反应体系中含过渡态的反应的速率系数对数曲线。对比含过渡态结构的反应速率系数，化学反应 R10 在 300~1000K 时的反应速率系数极高，说明化学反应 R10 虽然要吸收极高活化能形成过渡态结构，但会瞬间分解得到生成物；对于其他含过渡态结构的反应，在 300~1000K 的速率系数都比较低，速率系数随温度升高逐渐升高。

图 4-15 展示了 $C_4F_7N + N_2$ 分解反应中不含明显过渡态的反应的速率系数对数曲线，其中所有速率系数均通过变分过渡态理论计算得到。

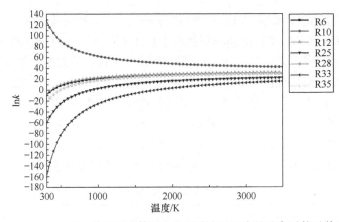

图 4-14　C₄F₇N + N₂ 分解反应体系中含过渡态的反应的速率系数对数曲线

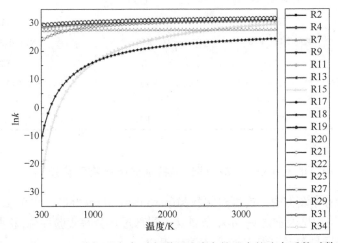

图 4-15　C₄F₇N+N₂ 分解反应中不含明显过渡态的反应的速率系数对数曲线

明显看出体系内大部分化学反应的速率系数是十分接近的。R15 和 R18 的速率系数最低，且在 300~1000K，化学反应 R15 的速率系数低于化学反应 R18 的速率系数，随着温度的升高，当温度超过 1000K 时，化学反应 R15 的速率系数超过化学反应 R18 的速率系数。大部分反应的速率系数随温度升高而升高，而化学反应 R22 在 300~500K 范围内，速率系数升高，但当温度超过 500K 时，其速率系数却逐渐下降,但整体的反应速率变化并不大,最终速率系数低于化学反应 R15 的速率系数。

速率系数与反应机理密切相关。化学反应 R12：C₃F₆N(F₃C—C≡N—CF₃) ⟶ TS3 ⟶C₂F₃N(C≡N—CF₃) + CF₃ 的速率系数比化学反应 R33：C₃F₄N₂ ⟶ TS6 ⟶ C₃F₃N₂ + F 的速率系数高出很多。化学反应 R12 仅需跨越 36.355kcal·mol⁻¹ 的势垒便可发生,相比于化学反应 R33 的势垒 143.072kcal·mol⁻¹,

可以明显看出化学反应 R12 更加容易进行。化学反应 R9：$C_3F_7N \longrightarrow C_2F_4N(FC\!\!=\!\!N\!\!-\!\!CF_3) + CF_3$ 的速率系数高于 R11：$C_3F_7N \longrightarrow C_3F_6N(F_3C\!\!-\!\!C\!\!=\!\!N\!\!-\!\!CF_3) + F$，这是因为化学反应 R9 的势能面低于 R11，从而使化学反应 R9 成为 C_3F_7N 的主要分解反应路径。需要说明的是，化学反应 R3、R5、R8、R16、R24、R26、R30 与 R32 是某些分子与 N 原子进行优化后产生中间产物的反应路径，这些反应由于速率系数非常高，故其不会影响多步反应的总体速率系数。通过对比反应速率系数的对数曲线，不同温度下 $C_4F_7N+N_2$ 体系的主要分解产物列于表 4-4 中，可以看出 CF_3 与 CN 为 $C_4F_7N+N_2$ 混合气体分解体系中主要的分解产物。

表 4-4　不同温度下 $C_4F_7N+N_2$ 体系的主要分解产物

粒子	300～1000K	1000～2000K	2000～3500K
C_4F_7N	R15、R22、R28	R15	R15
C_2N	R21	R21	R21
CN	R7、R13、R18	R7、R13、R18	R7、R13、R18
CN_2	R2	R2	R2
CF_3	R4、R7、R9、R13、R17、R19、R21、R22	R4、R7、R9、R13、R17、R19、R21、R22	R4、R7、R12、R13、R17、R19、R22
CFN	R27	R27	R27

4.3.3　N_2 影响下的 C_4F_7N 气体局部过热特征分解产物演化规律

在气体绝缘设备中，局部过热故障(partial overheat fault，POF)是诱导绝缘气体介质分解的常见因素之一。本小节搭建了局部过热分解实验平台，获得了 $C_4F_7N + N_2$ 混合气体局部过热特征分解产物演化规律。

1. $C_4F_7N+ N_2$ 混合气体局部过热实验

局部过热分解实验平台如图 4-16 所示。加热电极(带不锈钢外壳的热电偶)设置在气室的中央，以模拟设备内部的局部过热故障。加热电极上方气体升温速度最快，并且高温区域仅出现在加热电极附近，故该实验可以有效地模拟气体绝缘设备早期过热故障的局部高温情况。对于温度控制来说，本小节采用比例(P)、积分(I)和微分(D)控制策略，主要包含温度传感模块(集成在加热电极中)、电磁固态继电器、温度监控器、PID 控制器与开关电源。PID 控制器从温度传感器接收信号，并将其值与目标值进行比较，然后将控制信号发送到电磁固态继电器，再由电磁固态继电器控制开关电源，实现对工作温度和目标温度的准确调节。整个过热实验气室外壳为水冷壳体，可最大范围确保实验过程中的安全性，且罐体具有抽气口外接真空泵，实验前准备阶段用于对罐体抽真空，实验后处理阶段用于抽出剩余实验气体并进行无毒分解处理。气室上部分具有特制的玻璃观测口，可以随时观测实验过程中内部视觉上的变化情况，当设备内部发生故障时，也可以及时察觉并关闭设备。

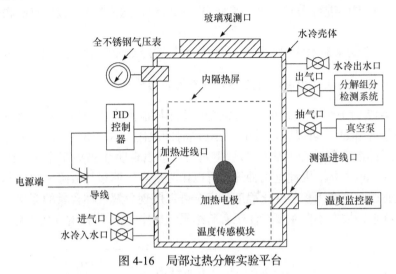

图 4-16　局部过热分解实验平台

实验室环境温度为 18～23℃，将 $C_4F_7N + N_2$ 混合气体的比例设置为 10%：90%、20%：80% 与 30%：70% 三组，在 300℃、400℃ 与 500℃ 下分别进行局部过热分解实验，表 4-5 为 $C_4F_7N + N_2$ 混合气体热分解实验条件。

表 4-5　$C_4F_7N + N_2$ 混合气体热分解实验条件

序号	气体混合比	温度/℃
1	10% C_4F_7N/90% N_2	300
2	10% C_4F_7N/90% N_2	400
3	10% C_4F_7N/90% N_2	500
4	20% C_4F_7N/80% N_2	400
5	30% C_4F_7N/70% N_2	400

具体实验方法与步骤如下：

(1) 用酒精清洗气室，以去除内壁上的杂质，然后正确组装气室，按照如图 4-16 所示的实验平台装置连接图正确连接实验各模块，并开启真空泵对气室进行抽真空操作，使气室内部气压低于 5Pa，接着注入 N_2 至 0.2MPa，再次抽真空，进行五遍洗气操作以去除气室中的杂质气体；

(2) 开启设备的水冷系统，使得整个设备在实验过程中一直保持常温与安全；

(3) 注入合适比例的混合气体，其中 C_4F_7N 纯度大于等于 99.2%，N_2 纯度为99.999%；

(4) 注入气体完毕后，将混合气体静置半小时至一小时，使气体得到充分混合；

(5) 利用 PID 控制器对气罐中气体进行加热，每组测试持续 6h，其中每两小时对实验气体进行采样，每次采样 30～50mL，送入气相色谱-质谱联用仪进行检测；

(6) 实验结束后对实验废气进行处理，并静置冷却设备 12h 后开始下一组实验。

2. 局部过热故障中温度对主要分解产物的影响

图 4-17 为 10% C_4F_7N/90% N_2 混合比下不同温度实验气体经过质谱仪定性后的气相色谱图(6h)。可以明显看出，在相同时间段内，不同温度下的气相色谱图曲线所展示的混合气体分解组分都是相同的，且出现明显趋势变化的气体主要为C_2F_3N 与 C_3F_6 气体，因此这两种气体可以作为混合气体过热故障分解初期的特征组分。通过对比峰面积的变化程度，完全可以展现分解气体含量的变化与混合气体分解状态，故本小节主要专注于实验结果气体中 C_3F_6 气体的变化趋势。

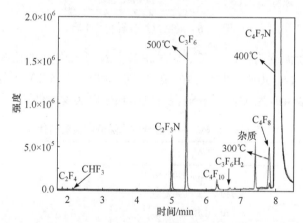

图 4-17　10% C_4F_7N/90% N_2 混合比下不同温度实验气体经过质谱仪定性后的气相色谱图(6h)

图 4-18 为不同局部过热时间下特征气体 C_3F_6 组分峰面积随温度的变化，可以看出 C_3F_6 气体组分在局部过热时间为 2h、4h 或 6h 时，均随着温度的升高，在气相色谱图上的峰面积都呈现逐渐升高的趋势。局部过热时间为 2h 时，C_3F_6 组分峰面积上升趋势平稳，但浓度相对较低；局部过热时间为 4h 时，温度由 300℃升高至 500℃，C_3F_6 组分峰面积随温度升高，在 400℃ 以上逐渐趋于平稳；局部过热时间为 6h 时，随着温度的升高，C_3F_6 组分峰面积虽然上升，但饱和曲线的趋势愈加明显，在 400℃ 以上，C_3F_6 组分峰面积的增加趋势有明显的下降。

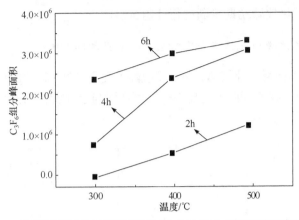

图 4-18　不同局部过热时间下特征气体 C_3F_6 组分峰面积随温度的变化

在温度为 300℃时，2～4h 局部过热故障持续时间内，C_3F_6 组分峰面积的增长趋势较为缓慢，而在 4h 后，该组分峰面积上升趋势开始明显增加；在温度为400℃与 500℃时，C_3F_6 组分峰面积的变化趋势较为相似，均随着时间增加，逐渐趋于饱和状态，如图 4-19 所示。

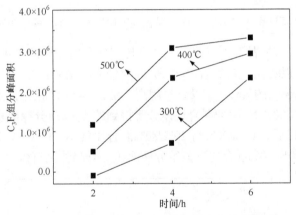

图 4-19　不同温度下 C_3F_6 组分峰面积随时间的变化

由文献[131]可知，C_4F_7N 在 220℃时与铜、铝金属表面之间的相互作用可能导致 C_3F_6 的生成，这也是 C_3F_6 气体组分过早出现的原因之一。由于 C_3F_6 组分的生成与化学反应 R3 和 R4 直接相关，在本次混合气体局部过热故障分解实验中，化学反应 R3 发生的条件温度完全满足，即生成 C_3F_6 的反应可以不予考虑，而化学反应 R4 作为 C_3F_6 组分分解的主要反应，于 750K 左右开始发生，因此 C_3F_6 在此时开始发生分解，生成 C_2F_3 与 CF_3。虽然反应物的浓度依然非常高，但由图 4-19 也可以看出，C_3F_6 组分峰面积增长速率开始减缓。因此，C_3F_6 可以作为设备局部过热故障初期诊断的特征组分。

3. 局部过热故障中气体混合比对主要分解产物的影响

图 4-20 为不同混合比气体在 400℃故障温度下加热 6h 后的分解组分气相色谱图。可以看出，在不同的混合比下，分解产物与上文所得结论相同，含量增长明显的是 C_3F_6 和 C_2F_3N。

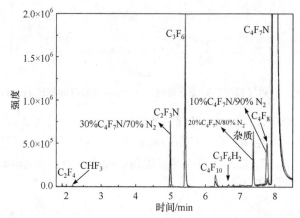

图 4-20　不同混合比气体在 400℃故障温度下加热 6h 后的分解组分气相色谱图

图 4-21 为 400℃故障温度下不同混合比气体分解得到的 C_3F_6 组分峰面积随时间的变化。可以看出在初始阶段(在第 2h 时的检测结果)，C_3F_6 气体组分含量较低，但在混合比越高的气体中，其含量越高。在 2~4h 时间段内，10% C_4F_7N/90% N_2 和 20% C_4F_7N/80% N_2 两种混合气体分解得到的 C_3F_6 组分峰面积变化趋势及程度相似。在 4h 以后，10%/90%与 20%/80%混合比气体中的 C_3F_6 组分峰面积上升速度加快，而 30%/70%混合比下该组分峰面积上升趋势稍有减缓。

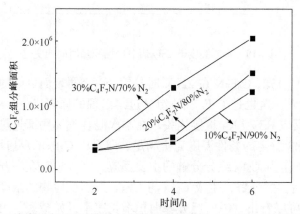

图 4-21　400℃故障温度下不同混合比气体分解得到的 C_3F_6 组分峰面积随时间的变化

4.4　Cu 金属蒸气影响下的 C₄F₇N 气体分解机制

4.4.1　Cu 金属蒸气影响下的 C₄F₇N 气体分解路径与机理

在放电或者局部过热下，电气设备中的金属材料(如断路器 Cu 触头)会因烧蚀发生少量蒸发，混入等离子体中也会改变反应体系和组分分布。因此，本小节研究 Cu 金属蒸气对 C₄F₇N 等离子体反应体系的影响，为应用 C₄F₇N 作为灭弧介质提供理论基础。C₄F₇N + Cu 分解反应体系如图 4-22 所示，共计 31 个反应，如表 4-6 所示。C₄F₇NO + Cu 分解反应体系中反应物、产物的优化分子结构如图 4-23 所示。

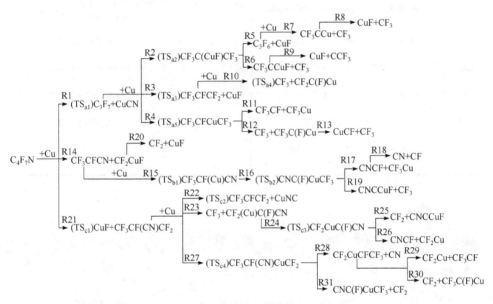

图 4-22　C₄F₇N + Cu 分解反应体系

表 4-6　C₄F₇N + Cu 分解反应

序号	化学反应式	序号	化学反应式
R1	C₄F₇N + Cu ⟶ TS$_{a1}$ ⟶ C₃F₇ + CuCN	R6	CF₃C(CuF)CF₃ ⟶ CF₃CCuF + CF₃
R2	C₃F₇ + Cu ⟶ TS$_{a2}$ ⟶ CF₃C(CuF)CF₃	R7	C₃F₆ + Cu ⟶ CF₃CCu + CF₃
R3	C₃F₇ + Cu ⟶ TS$_{a3}$ ⟶ CF₃CFCF₂ + CuF	R8	CF₃CCu ⟶ CuF + CF₃
R4	C₃F₇ + Cu ⟶ TS$_{a5}$ ⟶ CF₃CFCuCF₃	R9	CF₃CCuF ⟶ CuF + CCF₃
R5	CF₃C(CuF)CF₃ ⟶ C₃F₆ + CuF	R10	CF₃CFCF₂ + Cu ⟶ TS$_{a4}$ ⟶ CF₃ + CF₂C(F)Cu

续表

序号	化学反应式	序号	化学反应式
R11	$CF_3CFCuCF_3 \longrightarrow CF_3CF + CF_3Cu$	R22	$CF_3CF(CN)CF_2 + Cu \longrightarrow TS_{c2} \longrightarrow CF_3CFCF_2 + CuNC$
R12	$CF_3CFCuCF_3 \longrightarrow CF_3 + CF_3C(F)Cu$	R23	$CF_3CF(CN)CF_2 + Cu \longrightarrow CF_3 + CF_2(Cu)C(F)CN$
R13	$CF_3C(F)Cu \longrightarrow CuCF + CF_3$	R24	$CF_2(Cu)C(F)CN \longrightarrow TS_{c3} \longrightarrow CF_2CuC(F)CN$
R14	$C_4F_7N + Cu \longrightarrow CF_3CFCN + CF_2CuF$	R25	$CF_2CuC(F)CN \longrightarrow CF_2 + CNCCuF$
R15	$CF_3CFCN + Cu \longrightarrow TS_{b1} \longrightarrow CF_3CF(Cu)CN$	R26	$CF_2CuC(F)CN \longrightarrow CNCF + CF_2Cu$
R16	$CF_3CF(Cu)CN \longrightarrow TS_{b2} \longrightarrow CNC(F)CuCF_3$	R27	$CF_3CF(CN)CF_2 + Cu \longrightarrow TS_{c4} \longrightarrow CF_3CF(CN)CuCF_2$
R17	$CNC(F)CuCF_3 \longrightarrow CNCF + CF_3Cu$	R28	$CF_3CF(CN)CuCF_2 \longrightarrow CF_2CuCFCF_3 + CN$
R18	$CNCF \longrightarrow CN + CF$	R29	$CF_2CuCFCF_3 \longrightarrow CF_2Cu + CF_3CF$
R19	$CNC(F)CuCF_3 \longrightarrow CNCCuF + CF_3$	R30	$CF_2CuCFCF_3 \longrightarrow CF_2 + CF_3C(F)Cu$
R20	$CF_2CuF \longrightarrow CF_2 + CuF$	R31	$CF_3CF(CN)CuCF_2 \longrightarrow CNC(F)CuCF_3 + CF_2$
R21	$C_4F_7N + Cu \longrightarrow TS_{c1} \longrightarrow CuF + CF_3CF(CN)CF_2$		

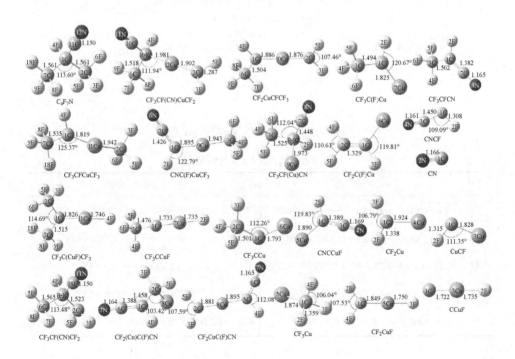

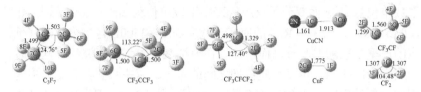

图 4-23　C₄F₇NO + Cu 分解反应体系中反应物、产物的优化分子结构(键长单位为 Å)

化学反应 R1(C₄F₇N + Cu ⟶ TS$_{a1}$ ⟶ C₃F₇ + CuCN)、R14(C₄F₇N + Cu ⟶ CF₃CFCN + CF₂CuF)和 R21(C₄F₇N + Cu ⟶ TS$_{c1}$ ⟶ CuF + CF₃CF(CN)CF₂)是 C₄F₇N 在 Cu 影响下的直接反应。如图 4-24 所示，C₄F₇N+Cu 反应体系分别克服 11.276kcal·mol⁻¹ 和 33.107kcal·mol⁻¹ 的势垒生成产物体系 C₃F₇ + CuCN 和 CuF + CF₃CF(CN)CF₂。在化学反应 R1 中，过渡态 TS$_{a1}$ 中的 C(11)—C(1)键呈现伸缩振动，连接着反应物体系 C₄F₇N + Cu 和产物体系 C₃F₇ + CuCN。在化学反应 R21 中，F(6)原子从 C(2)原子迁移至 Cu(13)；与此同时，过渡态 TS$_{c1}$ 中的 Cu(13)—C(11)键伸长至形成产物体系 CuF + CF₃CF(CN)CF₂。由于过渡态 TS$_{a1}$ 和 TS$_{c1}$ 反应位置和结构的不同，化学反应 R1 的势垒比 R21 低了 21.831kcal·mol⁻¹，因此 R1 比 R21 更容易发生。在化学反应 R14 中，C₄F₇N 中的 F(5)原子被 CuF 替代，形成了第一个中间体，随后的柔性扫描结果显示，C(1)—C(2)键吸收 20.047kcal·mol⁻¹ 能量发生断裂，形成了产物体系 CF₃CFCN + CF₂CuF。上述反应所产生的多原子产物，如 C₃F₇、CF₃CFCN 和 CF₃CF(CN)CF₂ 等，将进一步在放电或者高温下发生反应。

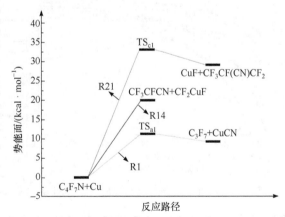

图 4-24　C₄F₇N+Cu 分解反应势能面(相对于 C₄F₇N + Cu 为−1102.367a.u.)

4.4.2　Cu 金属蒸气影响下的 C₄F₇N 气体分解速率系数

C₄F₇N + Cu 混合气体分解反应 R1～R31 的速率系数如图 4-25 所示。单分子反应的速率系数单位为 s^{-1}，而双分子反应的速率系数单位为 cm^3 · mol^{-1} · s^{-1}。化学反应 R14、R15、R22、R23 和 R27 的速率系数在 300~3500K 范围内显著降低，而其他反应的速率系数随温度升高而增加。在模拟衰变电弧或研究绝缘性能时，应考虑化学反应 R1~R31。由于反应机理之间的差异，速率系数在温度范围内显著不同。例如，化学反应 R30 的速率系数高于化学反应 R29，因为化学反应 R30 的反应势能面低于化学反应 R29，这使得它在 CF$_2$CuCFCF$_3$ 分解中起主要作用。

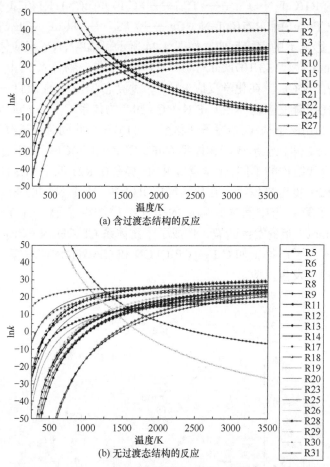

图 4-25　C$_4$F$_7$N+Cu 混合气体分解反应 R1~R31 的速率系数

通过分析各个反应对 C$_4$F$_7$N、C$_3$F$_7$、CF$_3$CF(CN)CF$_2$、CF$_3$C(CuF)CF$_3$ 和 CF$_3$CFCuCF$_3$ 损失的贡献，以及 C$_4$F$_7$N+Cu 混合气体中 CuF、CN、CF$_2$ 和 CF$_3$ 的生成，进一步筛选出不同温度区间的主要反应和产物，如表 4-7 所示。

表 4-7　不同温度区间的主要反应和产物

产物	300~1000 K	1000~1500 K	1500~3500 K
C_4F_7N	R14		R1、R21
C_3F_7	R2、R3、R4		
$CF_3CF(CN)CF_2$	R22、R23、R27		
$CF_3C(CuF)CF_3$	R5、R6		
$CF_3CFCuCF_3$	R11、R12		
CuF	R3、R5、R8、R9、R20、R21		
CN	R28	R18、R28	
CF_2	R31	R20、R25、R31	
CF_3	R23	R7、R8、R9、R12、R13、R19、R23	

4.5　C₄F₇N + CO₂ 混合气体局部过热特征分解产物演化规律

不同混合比例的 $C_4F_7N + CO_2$ 混合气体在 400℃局部过热温度下分解组分的气相色谱图如图 4-26 所示,可以看出分解组分包括 C_2F_3N、C_3F_6、C_4F_{10}、$C_3F_6H_2$ 和 C_4F_8,并且它们的强度随着气体混合物中 C_4F_7N 比例的增加而增加。

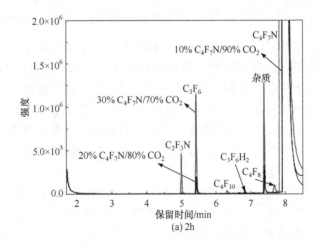

(a) 2h

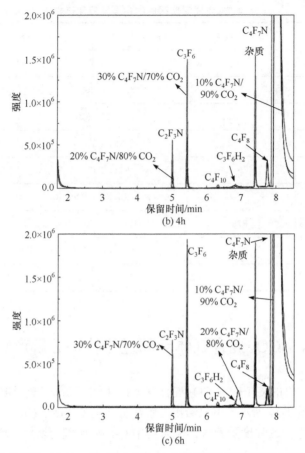

图 4-26　不同混合比例的 $C_4F_7N + CO_2$ 混合气体在 400℃局部过热温度下分解组分的气相色谱图

10% C_4F_7N/90% CO_2 在不同局部过热故障温度下的分解组分如图 4-27 所示。总体来看它们的含量随着温度的增加而增加。图 4-27(a)是 300℃时的气相色谱图，混合气体分解产物的含量都比较少。在 400℃时，混合气体与微量水蒸气反应产生大量的 $C_3F_6H_2$，如图 4-27(b)所示。在温度升高到 600℃时，分解产物如图 4-27(c)，此时 $C_3F_6H_2$ 的转化为 C_3F_6，且分解产物类型增加，其中主要的分解产物有 C_2F_3N、C_3F_6、C_4F_{10}、$C_3F_6H_2$、C_4F_8。在分解产物中，C_3F_6 在不同温度下的强度变化较明显。

局部过热故障持续时间对 10% C_4F_7N/90% CO_2 分解组分的影响如图 4-28 所示。随着温度的升高，产物的含量也在不断升高。2h 时，C_3F_6 含量最高。通过图 4-28(a)与(c)对比发现，局部过热故障持续时间的增加促进了分解产物的积累。

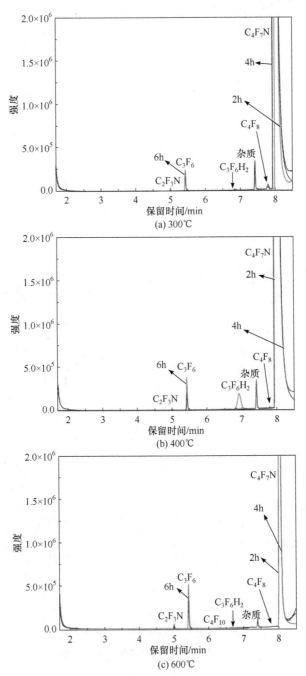

图 4-27　10% C_4F_7N/90% CO_2 在不同局部过热故障温度下的分解组分

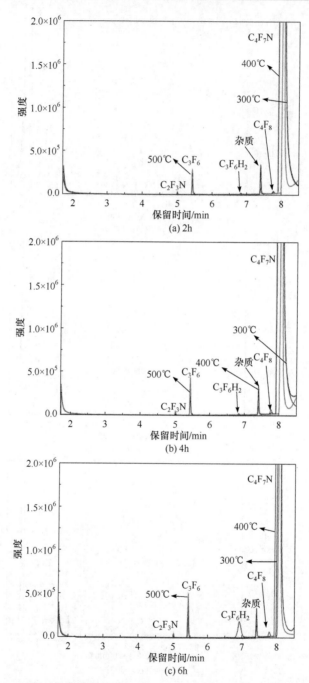

图 4-28　局部过热故障持续时间对 10% C_4F_7N/90% CO_2 分解组分的影响

图 4-29 为局部过热下 C_4F_7N + CO_2 混合气体中 C_3F_6 峰面积。如图 4-29(a)所

示，400℃时，20% C₄F₇N/80% CO₂ 混合气体中 C₃F₆ 峰面积变化范围较明显。
10%C₄F₇N/90%CO₂ 混合气体中，随着局部过热持续时间的增加，C₃F₆ 含量趋于饱
和。30% C₄F₇N/70% CO₂ 中，C₃F₆ 峰面积随着局部过热持续时间的增加而增加，
未出现饱和现象。如图 4-29(b)所示，300℃时，C₃F₆ 峰面积随着局部过热持续时
间缓慢增加，此时反应缓慢且基本无其他的分解产物生成。400℃时，生成 C₃F₆ 后
又进一步生成 C₄F₈，前者的反应速率小于后者，因此 C₃F₆ 峰面积上升不明显。之
后由于温度的限制，C₄F₈ 逐步达到饱和状态，反应速率下降，C₃F₆ 峰面积又呈上
升趋势。在 500℃时，气体分解迅速，同时大量生成 C₃F₆ 和 C₄F₈。在 4 小时后，
生成 C₃F₆ 的速率有所下降。

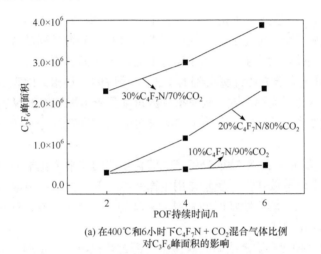

(a) 在400℃和6小时下C₄F₇N + CO₂混合气体比例
对C₃F₆峰面积的影响

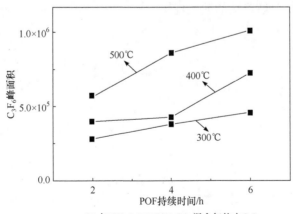

(b) 在10% C₄F₇N/90% CO₂混合气体中C₃F₆
峰面积受局部过热故障持续时间和温度的影响

图 4-29 局部过热下 C₄F₇N + CO₂ 混合气体中 C₃F₆ 峰面积

4.6　本　章　小　结

以 C_4F_7N 混合气体作为绝缘介质的环保型 GIS 在电力系统中具有广阔的应用前景，其绝缘特性可以通过分析 C_4F_7N 混合气体在故障情况下的分解产物进行评估，但是 C_4F_7N 分解机制及环境气体因素的影响仍不清楚，特征分解产物演化规律也未知。因此，本章结合理论计算和实验诊断，系统揭示了 C_4F_7N 混合气体分解机制及特征分解产物演化规律，填补了研究空白，为环保型 GIS 绝缘特性评估奠定基础。

(1) 利用量子化学方法建立了 C_4F_7N 在 O_2、N_2 和 Cu 金属蒸气等背景气体影响下的微观分解模型，研究了环境气体因素对 C_4F_7N 分解过程及特征分解产物形成途径的影响，最终构建了包含多条路径的 C_4F_7N 分解体系。

(2) 基于量子化学方法计算得到的 C_4F_7N 分解体系及相关微观数据，利用过渡态理论计算得到了速率系数，从速率系数角度分析了影响 C_4F_7N 特征分解产物生成、去除的关键化学反应，完善了 C_4F_7N 分解机理和特征分解产物形成机制等相关工作。

(3) 建立了研究 C_4F_7N 特征分解产物演化规律的非平衡化学动力学模型，通过求解元素化学计量数守恒、质量作用定律和电荷等中性条件组成的非线性方程组获得 C_4F_7N 特征分解产物随时间和温度衰减的动态变化特性，揭示了 C_4F_7N 特征分解产物的演化规律。

(4) 结合气相色谱-质谱法研究获得了局部过热故障下 $C_4F_7N + N_2$、$C_4F_7N + CO_2$ 混合气体特征分解产物的演化规律。

第 5 章 $C_5F_{10}O$ 气体分解机制及特征分解产物演化规律

5.1 纯 $C_5F_{10}O$ 气体分解机制及特征分解产物演化规律

5.1.1 纯 $C_5F_{10}O$ 气体分解路径与机理

$C_5F_{10}O$ 等离子体反应体系如表 5-1 所示,$C_5F_{10}O$ 分解反应中的粒子优化构型如图 5-1 所示。$C_5F_{10}O$ 分解路径如图 5-2 所示,结果表明 $C_5F_{10}O$ 等离子体反应体系中包含由无过渡态的裂解反应和有过渡态的裂解反应所组成的六条反应路径。在所有反应中,路径 Ⅰ 中 C—C 键断裂产生 Ⅰa 和 Ⅰb,以及 Ⅰa 和 Ⅰb 在路径 Ⅱ+Ⅲ 和 Ⅳ+Ⅴ 中发生 C—C 键断裂及 F 原子迁移,是体系中最有可能发生的反应。Ⅱa 是 Ⅰa 分解过程中的重要中间产物,其在路径 Ⅲ 中可能的分解反应为 R10、R11 和 R12。Ⅰb 在分解路径 Ⅳ 中会分解生成产物 Ⅳa、Ⅳb 和产物体系 $CF_3 + CF—CF_3$。Ⅳa 因生成过程中产生过高的势垒,因而具有较低的含量,但是其分解物 CF_3、$C=CF_2$ 和 $C—CF_3$ 作为体系中的最终反应产物,对于评估 $C_5F_{10}O$ 设备绝缘特性具有重要参考意义。

表 5-1 $C_5F_{10}O$ 等离子体反应体系

反应	方程式	反应	方程式	反应	方程式
R1	$C_5F_{10}O \longrightarrow Ⅰa + CF_3$	R9	$Ⅰa \longrightarrow Ⅱa + CF_3$	R17	$Ⅲc \longrightarrow COF + CFCF_2$
R2	$C_5F_{10}O \longrightarrow Ⅰb + CO—CF_3$	R10	$Ⅱa \longrightarrow COCF_3 + CF$	R18	$Ⅲc \longrightarrow Ⅲe + F$
R3	$C_5F_{10}O \longrightarrow Ⅰc + CF_3$	R11	$Ⅱa \longrightarrow TS2 \longrightarrow Ⅲa$	R19	$Ⅲd \longrightarrow CF—CF_2 + CO$
R4	$CFCF_3 \longrightarrow CF + CF_3$	R12	$Ⅱa \longrightarrow TS3 \longrightarrow Ⅲb$	R20	$Ⅲe \longrightarrow COF + C—CF_2$
R5	$CFCF_3 \longrightarrow TS1 \longrightarrow CF_2=CF_2$	R13	$Ⅲa \longrightarrow COFC + CF_3$	R21	$CO—CF_2 \longrightarrow TS5 \longrightarrow CO + CF_2$
R6	$COFC \longrightarrow C + COF$	R14	$Ⅲa \longrightarrow TS4 \longrightarrow CFCF_3 + CO$	R22	$CO—CF_2 \longrightarrow TS6 \longrightarrow COF—CF$
R7	$COFC \longrightarrow CO + CF$	R15	$Ⅲb \longrightarrow CF_2 + CO—CF_2$	R23	$COF—CF \longrightarrow CF + COF$
R8	$Ⅰa \longrightarrow CO—CF_3 + CF—CF_3$	R16	$Ⅲc \longrightarrow Ⅲd$	R24	$Ⅴa \longrightarrow CF_3 + CF—CF_2$

续表

反应	方程式	反应	方程式	反应	方程式
R25	$Ib \longrightarrow CF\!-\!CF_3 + CF_3$	R32	$Ic \longrightarrow Ib + CO$	R39	$VIc \longrightarrow COF + Va$
R26	$Ib \longrightarrow IVa + F$	R33	$Ic \longrightarrow TS9 \longrightarrow VIb$	R40	$VIc \longrightarrow IIIc + CF_3$
R27	$Ib \longrightarrow TS7 \longrightarrow IVb$	R34	$Ic \longrightarrow TS10 \longrightarrow VIc$	R41	$VId \longrightarrow CF\!-\!CF_3 + COF$
R28	$IVa \longrightarrow C\!-\!CF_3 + CF_3$	R35	$Ic \longrightarrow CF_3 + VIa$	R42	$IIIc \longrightarrow CF_2 + COF\!-\!F$
R29	$IVa \longrightarrow TS8 \longrightarrow Va$	R36	$VIa \longrightarrow TS11 \longrightarrow IIIc$	R43	$IIIc \longrightarrow CF\!-\!CF_2 + COF$
R30	$IVb \longrightarrow CF_2CF_2 + CF_3$	R37	$VIb \longrightarrow IVa + COF$		
R31	$IVb \longrightarrow CF_2\!-\!CF_3 + CF_2$	R38	$VIc \longrightarrow CF_2 + IVd$		

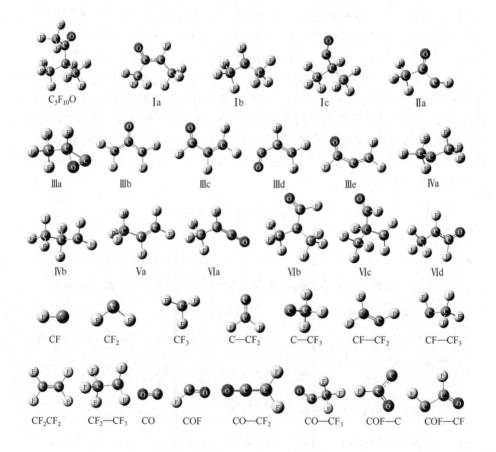

C_5F_10O　Ia　Ib　Ic　IIa

IIIa　IIIb　IIIc　IIId　IIIe　IVa

IVb　Va　VIa　VIb　VIc　VId

CF　CF_2　CF_3　C—CF_2　C—CF_3　CF—CF_2　CF—CF_3

CF_2CF_2　CF_2—CF_3　CO　COF　CO—CF_2　CO—CF_3　COF—C　COF—CF

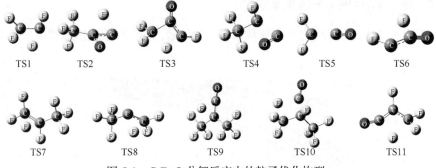

图 5-1　C₅F₁₀O 分解反应中的粒子优化构型

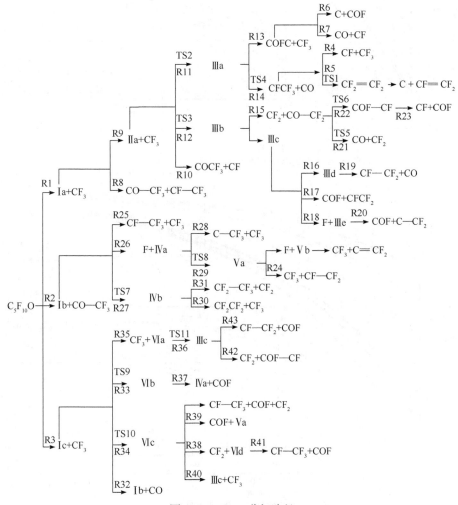

图 5-2　C₅F₁₀O 分解路径

5.1.2　纯 $C_5F_{10}O$ 气体分解速率系数

部分 $C_5F_{10}O$ 分解反应速率系数如图 5-3 所示，速率系数均随温度的升高而增

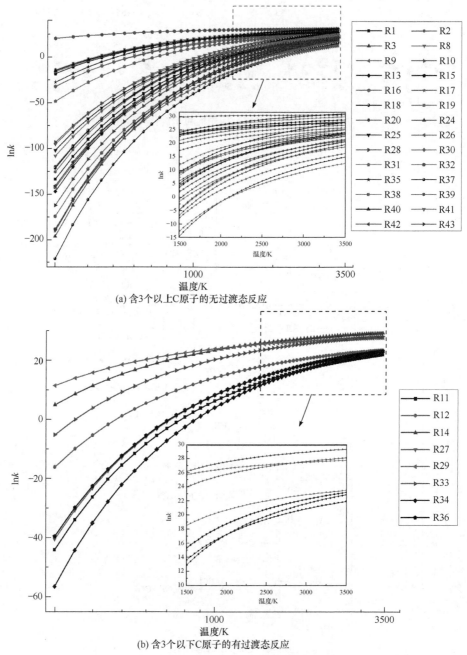

(a) 含3个以上C原子的无过渡态反应

(b) 含3个以下C原子的有过渡态反应

图 5-3　部分 $C_5F_{10}O$ 分解反应速率系数

加，说明这些反应是吸热反应。

在 300～1500K 温度范围内，吸热反应的速率系数急剧增长，尤其是图 5-3(a) 中含 3 个以上 C 原子的反应。此外，由于活化能的不同，不同反应的速率系数也有显著差异。例如，化学反应 R1(C₅F₁₀O ⟶ Ia + CF₃)的速率系数在 300K 时约为 10^{-134} s⁻¹，低于化学反应 R2(C₅F₁₀O ⟶ Ib + CO—CF₃)的速率系数，然而化学反应 R1 的活化能(66.1kcal·mol⁻¹)却高于化学反应 R2 的活化能(63.6kcal·mol⁻¹)。因此，化学反应 R1 相对较低的速率系数表明，当放电区域的温度降至 1500K 以下时，该反应发生的可能性小于化学反应 R2，而在 C₅F₁₀O 的解离中，化学反应 R2 比 R1 具有更重要的作用。当温度高于 1500K 时，C₅F₁₀O 分解反应速率系数平稳增长，其中处于 10^{-21}～10^{-8}cm³·mol⁻¹·s⁻¹ 区间内的速率系数及相应分解反应对于 C₅F₁₀O 放电等离子体仿真非常重要。

5.1.3　纯 C₅F₁₀O 气体特征分解产物演化规律

1. 纯 C₅F₁₀O 特征分解产物

击穿过程中纯 C₅F₁₀O 特征分解产物随温度的演化规律(0.4MPa)如图 5-4 所示。当温度从 1500K 升高到 3500K，纯 C₅F₁₀O 摩尔分数从 1 降低到约 10^{-3}，这表明纯 C₅F₁₀O 在 1500K 以下具有良好的复合性能，而在 1500K 以上具有较高的分解率。对比击穿过程中纯 C₄F₇N 特征分解产物的演化规律，纯 C₅F₁₀O 的摩尔分数相较于纯 C₄F₇N 在较高温度下恢复为 1，表明纯 C₅F₁₀O 分子比纯 C₄F₇N 分子具有更好的恢复性能。

2. 纯 C₅F₁₀O 和纯 C₄F₇N 特征分解产物演化规律的对比结果

气压对纯 C₅F₁₀O 和纯 C₄F₇N 特征分解产物摩尔分数的影响如图 5-5 所示。在相同气压下，纯 C₅F₁₀O 的摩尔分数高于纯 C₄F₇N。当气压从 0.01MPa 升高到 1.6MPa 时，纯 C₄F₇N 和纯 C₅F₁₀O 的摩尔分数随之增加，表明高气压对纯 C₄F₇N 和纯 C₅F₁₀O 的分解有阻碍作用，因此纯 C₄F₇N 和纯 C₅F₁₀O 将随着气压的升高而具有良好的介电强度。高气压也促进了纯 C₅F₁₀O 分子的复合，这是因为随着气压的增加，纯 C₅F₁₀O 的摩尔分数在更高的温度下恢复到 1，但是气压对纯 C₄F₇N 的恢复速率影响不大，其摩尔分数在不同压强下均在 1000K 左右恢复为 1。通过上述分析可知，纯 C₅F₁₀O 的摩尔分数和复合速率高于纯 C₄F₇N，高气压对纯 C₅F₁₀O 的摩尔分数和复合速率的影响大于纯 C₄F₇N，因此纯 C₅F₁₀O 在高气压下的介电强度和分子恢复速率优于纯 C₄F₇N。

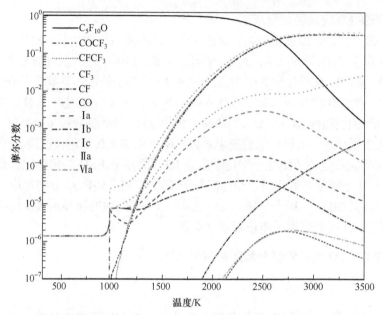

图 5-4　击穿过程中纯 $C_5F_{10}O$ 特征分解产物随温度的演化规律(0.4MPa)

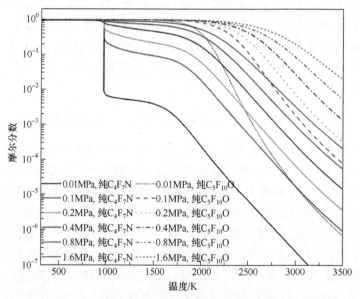

图 5-5　气压对纯 $C_5F_{10}O$ 和纯 C_4F_7N 特征分解产物摩尔分数的影响

　　在纯 C_4F_7N 和纯 $C_5F_{10}O$ 击穿分解过程中，CF_3 是 300K 时具有较高摩尔分数的分解产物。不同气体及气压下的 CF_3 摩尔分数如图 5-6 所示。在相同气压下，纯 C_4F_7N 中 CF_3 的摩尔分数高于纯 $C_5F_{10}O$。在纯 C_4F_7N 中，CF_3 的摩尔分数在

1000K 时增加到最大值 0.3，并在 1000 K 以上变化平稳，但是在纯 C₅F₁₀O 中，CF₃ 的摩尔分数在 1000 K 以下变化平稳，而在 2000 K 以上上升到最大值。随着气压从 0.01MPa 升高到 1.6MPa，CF₃ 的摩尔分数逐渐降低。虽然气压对 CF₃ 的最大摩尔分数影响不大，但是气压越高，纯 C₅F₁₀O 中的 CF₃ 将在更高温度下达到最大摩尔分数。由于 CF₃ 的消耗有助于纯 C₄F₇N 和纯 C₅F₁₀O 的恢复，因此纯 C₅F₁₀O 的复合率高于纯 C₄F₇N，并且随着气压的升高而增加。

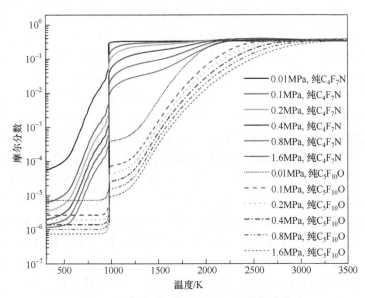

图 5-6　不同气体及气压下的 CF₃ 摩尔分数

5.2　·OH 影响下的 C₅F₁₀O 气体分解机制

补充或更换 C₅F₁₀O 气体是新型 C₅F₁₀O 气体绝缘电气设备运维过程中的重要环节，而处理 C₅F₁₀O 尾气成为亟待解决的关键问题之一。高级氧化法(advanced oxidation process，AOP)利用等离子体产生丰富的活性粒子(如·OH 自由基)，进一步与有害物质发生反应，从而达到降解目的，为去除 C₅F₁₀O 尾气提供了可能。为了揭示 AOP 降解 C₅F₁₀O 过程，本节给出 C₅F₁₀O + ·OH 分别在气态和液态情况下的分解路径及机理，并讨论更加有效的 AOP 处理路径。

5.2.1　·OH 影响下的 C₅F₁₀O 气体分解路径与机理

图 5-7 为 C₅F₁₀O + ·OH 在气态情况下的主要分解反应,其中气态情况下 R1～R5 的反应势能面如图 5-8 所示。化学反应 R1 跨越 338.23kcal·mol⁻¹ 势垒，从而生成了产物体系(CF₃)₂CFCOCF₂OH + F，其过渡态的振动模式表明在·OH 向 C₅F₁₀O 迁

移的同时，与 $C_5F_{10}O$ 第三个 C 相连接的 F 受到排斥而远离反应体系。化学反应 R1 中的产物 $(CF_3)_2CFCOCF_2OH$ 继续在反应 R6 中与·OH 反应，跨越了 $346.78kcal\cdot mol^{-1}$ 势垒，该反应过渡态的振动模式也表明在·OH 向 $(CF_3)_2CFCOCF_2OH$ 迁移的同时，与 $(CF_3)_2CFCOCF_2OH$ 相连接的 F 受到排斥而远离反应体系。化学反应 R2 的势垒为 $290.04kcal\cdot mol^{-1}$，其过渡态的振动模式表明·OH 释放的 H 在 $C_5F_{10}O$ 中的·CO 和·OH 中的 O 之间伸缩振动，从而形成了产物 $(CF_3)_2CFCHO_2CF_3$。该产物通过化学反应 R7 继续与·OH 反应，跨越的势垒为 $571.37kcal\cdot mol^{-1}$，过渡态的振动模式表现为在·OH 向 $(CF_3)_2CFCHO_2CF_3$ 迁移的同时，与 $(CF_3)_2CFCHO_2CF_3$ 相连接的 F 受到排斥而远离反应体系。在化学反应 R3 中，反应物 $C_5F_{10}O+$·OH 转化为产物 $CF_3(CF_2OH)CFCOCF_3+F$。该反应的势垒为 $337.14kcal\cdot mol^{-1}$，该反应过渡态的振动模式表明，$C_5F_{10}O$ 中的 F 原子被·OH 自由基取代。化学反应 R3 中的产物 $CF_3(CF_2OH)CFCOCF_3$ 也进一步与·OH 自由基反应，分别通过化学反应 R8 和 R9 生成产物 $CF_3(CF_2OH)CFCOCF_2+FOH$ 和 $CF(OH)_2CF_3CFCOCF_3+F$。化学反应 R4 跨越的势垒为 $354.52kcal\cdot mol^{-1}$，生成了产物 $CF_3(CF_2OH)CFCOCF_3^*+F$。该反应过渡态的振动模式与化学反应 R3 相似，但其优化结构不同。因此，$CF_3(CF_2OH)CFCOCF_3^*$ 是化学反应 R3 中形成的 $CF_3(CF_2OH)CFCOCF_3$ 的手性结构，也是化学反应 R1 中产物 $(CF_3)_2CFCOCF_2OH$ 的异构化结构。$CF_3(CF_2OH)CFCOCF_3^*$ 在·OH 自由基存在时通过化学反应 R10 分解为产物 $CF_2OHCFCOCF_3+CF_3OH$。该反应的势垒为 $271.14kcal\cdot mol^{-1}$。过渡态的振动模式表明，·CF_3 基团在·OH 自由基和 $CF_2OHCFCOCF_3$ 之间伸缩振动。$C_5F_{10}O+$·OH 通过化学反应 R5 降解生成产物 $(CF_3)_2CFCO(OH)CF_3$，这是在化学反应 R2 中形成的 $(CF_3)_2CFCHO_2CF_3$ 的异构化结构，但这些反应过渡态的振动模式有很大不同：在化学反应 R5 中，·OH 自由基通过克服 $40.76kcal\cdot mol^{-1}$ 的微小势垒直接迁移到 $C_5F_{10}O$ 中的·CO 基团。

(R1) $C_5F_{10}O+\cdot OH\longrightarrow(CF_3)_2CFCOCF_2OH+F$　　　(R6) $(CF_3)_2CFCOCF_2OH+\cdot OH\longrightarrow CF_3(CF_2OH)CFCOCF_2OH+F$

(R2) $C_5F_{10}O+\cdot OH\longrightarrow(CF_3)_2CFCHO_2CF_3$　　　(R7) $(CF_3)_2CFCHO_2CF_3+\cdot OH\longrightarrow CF_3(CF_2OH)CFCHO_2CF_3+F$

(R3) $C_5F_{10}O+\cdot OH\longrightarrow CF_3(CF_2OH)CFCOCF_3+F$　　　(R8) $CF_3(CF_2OH)CFCOCF_3+\cdot OH\longrightarrow CF_3(CF_2OH)CFCOCF_2+FOH$

　　　(R9) $CF_3(CF_2OH)CFCOCF_3+\cdot OH\longrightarrow CF(OH)_2CF_3CFCOCF_3+F$

(R4) $C_5F_{10}O+\cdot OH\longrightarrow CF_3(CF_2OH)CFCOCF_3^*+F$　　　(R10) $CF_3(CF_2OH)CFCOCF_3^*+\cdot OH\longrightarrow CF_2OHCFCOCF_3+CF_3OH$

(R5) $C_5F_{10}O+\cdot OH\longrightarrow(CF_3)_2CFCO(OH)CF_3$　　　(R11) $(CF_3)_2CFCO(OH)CF_3+\cdot OH\longrightarrow(CF_3)_2CFC(OH)_2CF_3+O$

图 5-7　$C_5F_{10}O+$·OH 在气态情况下的主要分解反应

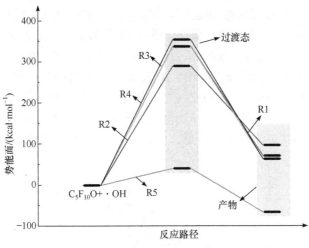

图 5-8　气态情况下 R1~R5 的反应势能面

由于液体等离子体中产生的·OH 自由基也很活跃和丰富，本节报道了溶剂对 C₅F₁₀O + ·OH 化学机理的影响，并与上述气相结果进行了比较。结果表明，C₅F₁₀O + ·OH 反应物在气态和液态降解的优化几何结构不同，这导致·OH 自由基的化学机理不同。图 5-9 展示了液态 C₅F₁₀O + ·OH 直接降解路径中的五个潜在反应 S1~S5 及其在溶剂中的后续反应，其中 S1~S5 的反应势能面如图 5-10 所示。虽然 C₅F₁₀O + ·OH 在溶剂作用下的直接降解反应与气相类似，但反应物和过渡态的优化几何结构和能量分布不同，这导致 C₅F₁₀O 降解处理中的 AOP 效应不同。溶剂中的化学反应 S1~S6 和 S9~S11 具有类似的过渡态振动模式，其气态情况下的化学反应 R1~R6 和 R9~R11 产生与 S1~S6 和 S9~S11 相同的产物，溶剂的作用改变了反应的振动频率和能量信息，导致反应速率系数不同。例

(S1) $C_5F_{10}O + \cdot OH \longrightarrow (CF_3)_2CFCOCF_2OH + F$

(S6) $(CF_3)_2CFCOCF_2OH + \cdot OH \longrightarrow CF_3(CF_2OH)CFCOCF_2OH + F$

(S2) $C_5F_{10}O + \cdot OH \longrightarrow (CF_3)_2CFCHO_2CF_3$

(S7) $(CF_3)_2CFCHO_2CF_3 + \cdot OH \longrightarrow CF_3(CF_2O)CFCHOCF_3 + FOH$

(S3) $C_5F_{10}O + \cdot OH \longrightarrow CF_3(CF_2OH)CFCOCF_3 + F$

(S8) $CF_3(CF_2OH)CFCOCF_3 + \cdot OH \longrightarrow \times$

(S9) $CF_3(CF_2OH)CFCOCF_3 + \cdot OH \longrightarrow CF(OH)_2CF_3CFCOCF_3 + F$

(S4) $C_5F_{10}O + \cdot OH \longrightarrow CF_3(CF_2OH)CFCOCF_3^* + F$

(S10) $CF_3(CF_2OH)CFCOCF_3^* + \cdot OH \longrightarrow CF_2OHCFCOCF_3 + CF_3OH$

(S5) $C_5F_{10}O + \cdot OH \longrightarrow (CF_3)_2CFCO(OH)CF_3$

(S11) $(CF_3)_2CFCO(OH)CF_3 + \cdot OH \longrightarrow (CF_3)_2CFC(OH)_2CF_3 + O$

图 5-9　液态 C₅F₁₀O + ·OH 直接降解路径中的五个潜在反应 S1~S5 及其在溶剂中的后续反应

如，化学反应 S1 过渡态的振动模式与其气态(R1)的振动模式相似，从而生成相同的产物$(CF_3)_2CFCOCF_2OH + F$，而化学反应 S1 的势垒为 $321.93kcal \cdot mol^{-1}$，低于化学反应 R1，将导致更高的速率系数。溶剂对化学反应 S7 和 S8 有显著影响。化学反应 S7 过渡态的振动模式表明，$(CF_3)_2CFCHO_2CF_3$ 中 $\cdot CF_3$ 基团的 F 原子在 $\cdot OH$ 自由基和$(CF_3)_2CFCHO_2CF_3$ 之间拉伸，当该 F 原子移动到 $\cdot OH$ 自由基时，O 原子被 $\cdot CF_2$ 基团吸引，从而通过克服 $495.00kcal \cdot mol^{-1}$ 的势垒生成产物 $CF_3(CF_2O)CFCHOCF_3 + FOH$。但是，反应 R8 在溶液中的对应反应 S8 并不存在。

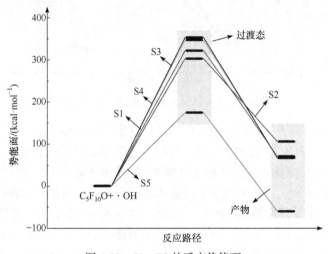

图 5-10　S1～S5 的反应势能面

5.2.2　$\cdot OH$ 影响下的 $C_5F_{10}O$ 气体分解速率系数

气态和液态下的 $C_5F_{10}O + \cdot OH$ 分解速率系数分别如表 5-2 和表 5-3 所示。化学反应 R5 在 $C_5F_{10}O + \cdot OH$ 气相分解中起着最重要的作用，其副产物通过化学反应 R11 继续分解，因此化学反应 R5 结合 R11 是 $C_5F_{10}O + \cdot OH$ 的主要分解途径。在液态环境中，S5 是 $C_5F_{10}O + \cdot OH$ 分解反应中速率系数最大的反应，因此其对 $C_5F_{10}O + \cdot OH$ 液态分解更重要，但是溶剂效应导致 $C_5F_{10}O + \cdot OH$ 在液态情况下的分解速率低于气态。

表 5-2　气态 $C_5F_{10}O + \cdot OH$ 分解速率系数(温度为 300K，气压为 1bar，1bar=100000Pa)

反应	速率系数/$(cm^3 \cdot mol^{-1} \cdot s^{-1})$	反应	速率系数/$(cm^3 \cdot mol^{-1} \cdot s^{-1})$
R1	2.98×10^{-45}	R5	1.51×10^7
R2	2.40×10^{-26}	R6	1.05×10^{-46}
R3	4.75×10^{-45}	R7	7.21×10^{-86}
R4	4.76×10^{-48}	R8	8.88

续表

反应	速率系数/$(cm^3 \cdot mol^{-1} \cdot s^{-1})$	反应	速率系数/$(cm^3 \cdot mol^{-1} \cdot s^{-1})$
R9	4.16×10^{-39}	R11	2.99×10^{2}
R10	1.42×10^{-33}		

表 5-3　液态 $C_5F_{10}O + \cdot OH$ 分解速率系数(温度为 300K, 气压为 1bar)

反应	速率系数/$(cm^3 \cdot mol^{-1} \cdot s^{-1})$	反应	速率系数/$(cm^3 \cdot mol^{-1} \cdot s^{-1})$
S1	8.16×10^{-44}	S6	1.65×10^{-49}
S2	5.19×10^{-30}	S7	6.86×10^{-74}
S3	3.63×10^{-48}	S9	2.21×10^{-41}
S4	3.88×10^{-49}	S10	2.74×10^{-36}
S5	3.50×10^{-18}	S11	1.58×10

化学反应 R5 和 S5 在 $C_5F_{10}O + \cdot OH$ 降解中起主导作用。然而, 由于溶剂的影响, 化学反应 S5 的速率系数远低于化学反应 R5, 这表明气相 AOP 处理 $C_5F_{10}O$ 更有效。因此, $(CF_3)_2CFCO(OH)CF_3$ 是经空气等离子体处理 $C_5F_{10}O$ 降解过程中的主要副产物, 通过化学反应 R11 继续降解。$C_5F_{10}O$ 在 AOP 作用下的降解路径如图 5-11 所示, 其中 R5~R11 和 S5~S11 为主要降解路径。

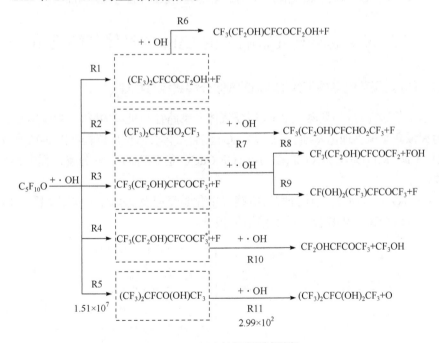

(a) $C_5F_{10}O + \cdot OH$ 在气态下的降解路径

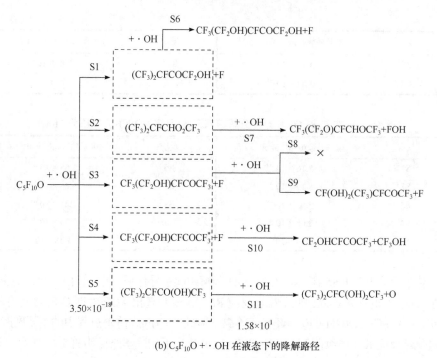

(b) $C_5F_{10}O + \cdot OH$ 在液态下的降解路径

图 5-11　$C_5F_{10}O$ 在 AOP 作用下的降解路径(速率系数单位为 $cm^3 \cdot mol^{-1} \cdot s^{-1}$)

5.3　Cu 金属蒸气影响下的 $C_5F_{10}O$ 气体分解机制

5.3.1　Cu 金属蒸气影响下的 $C_5F_{10}O$ 气体分解路径与机理

本小节研究 Cu 金属蒸气对 $C_5F_{10}O$ 气体分解路径与机理的影响,为应用 $C_5F_{10}O$ 作为灭弧介质提供理论基础。$C_5F_{10}O + Cu$ 混合气体分解反应路径如图 5-12 所示。其中,$CuCOCF(CF_3)_2$、$COCF(CF_3)_2$ 和 CF_3CuCO 是 $C_5F_{10}O + Cu$ 分解过程中的复杂产物。

$C_5F_{10}O + Cu$ 混合气体分解反应路径中化学反应及优化分子构型如图 5-13 所示,与 NIST CCCBDB 提供的实验结果相符。

CuCOCF(CF₃)₂ ——TS3—→ COCuCF(CF₃)₂ ——→ CO+CF₃CF(Cu)CF₃

COCuCF(CF₃)₂ ——→ C₃F₇+CuCO ——→ Cu+CO

CuCOCF(CF₃)₂ ——→ CF₃Cu+CF₃CFCO

CF₃Cu+CF₃CFCO ——→ CF₃CO+CF

(a) C₅F₁₀O + Cu分解反应路径1

COCF(CF₃)₂ ——TS4—→ CO+C₃F₇

COCF(CF₃)₂ ——→ CF₃+CF₃CFCO

CF₃CuCO ——→ CO+CF₃Cu

CF₃CuCO ——→ CF₃+CuCO

CF₃CF(Cu)CF₃ ——TS5—→ CF₃CuCFCF₃ ——→ CF₃+CF₃CuCF ——→ CF₃+CuCF

CF₃CuCFCF₃ ——→ CF₃+CF₃CuCF ——→ CF₃+Cu

CF₃CuCFCF₃ ——→ CF₃CF+CF₃Cu

(b) C₅F₁₀O + Cu分解反应路径2

图 5-12　C₅F₁₀O + Cu 混合气体分解反应路径

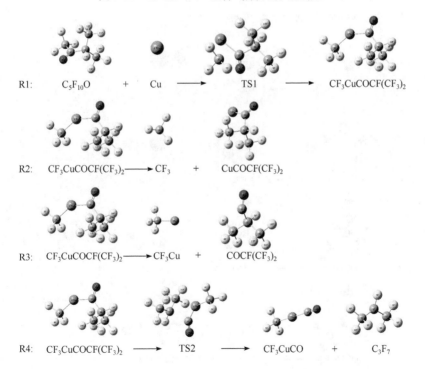

R1:　C₅F₁₀O　+　Cu　——→　TS1　——→　CF₃CuCOCF(CF₃)₂

R2:　CF₃CuCOCF(CF₃)₂ ——→ CF₃　+　CuCOCF(CF₃)₂

R3:　CF₃CuCOCF(CF₃)₂ ——→ CF₃Cu　+　COCF(CF₃)₂

R4:　CF₃CuCOCF(CF₃)₂ ——→ TS2 ——→ CF₃CuCO　+　C₃F₇

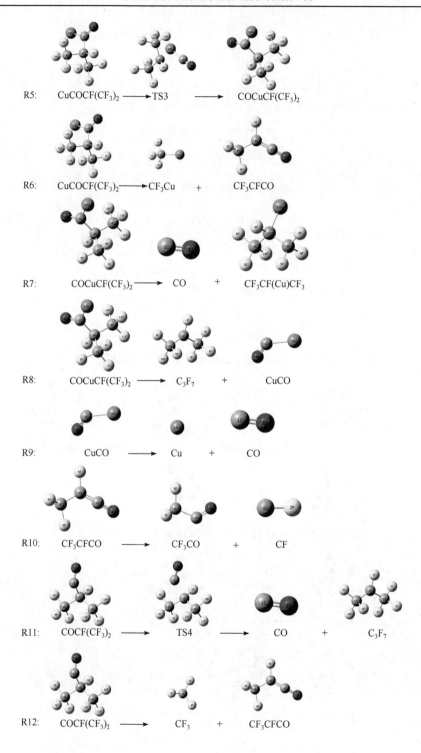

R5:　CuCOCF(CF$_3$)$_2$ ⟶ TS3　⟶　COCuCF(CF$_3$)$_2$

R6:　CuCOCF(CF$_3$)$_2$ ⟶ CF$_3$Cu ＋ CF$_3$CFCO

R7:　COCuCF(CF$_3$)$_2$ ⟶ CO ＋ CF$_3$CF(Cu)CF$_3$

R8:　COCuCF(CF$_3$)$_2$ ⟶ C$_3$F$_7$ ＋ CuCO

R9:　CuCO ⟶ Cu ＋ CO

R10:　CF$_3$CFCO ⟶ CF$_3$CO ＋ CF

R11:　COCF(CF$_3$)$_2$ ⟶ TS4 ⟶ CO ＋ C$_3$F$_7$

R12:　COCF(CF$_3$)$_2$ ⟶ CF$_3$ ＋ CF$_3$CFCO

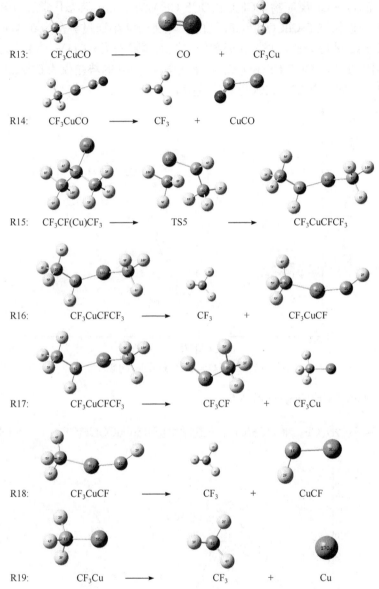

图 5-13　C₅F₁₀O + Cu 混合气体分解反应路径中化学反应及优化分子构型

1. C₅F₁₀O + Cu 分解机理

如图 5-14 所示，化学反应 R1 是 C₅F₁₀O + Cu 分解途径中的第一个反应。化学反应 R1 通过克服 22.9kcal·mol⁻¹ 的势垒生成产物 CF₃CuCOCF(CF₃)₂，其中 C(3) 原子在 C(1) 原子和 Cu(17) 原子之间的伸缩振动表明，一方面 C(3) 原子迁移到 Cu(17) 原子附近生成产物 CF₃CuCOCF(CF₃)₂；另一方面 Cu(17) 原子被 C(1) 原子排

斥形成 $C_5F_{10}O + Cu$ 反应物。$CF_3CuCOCF(CF_3)_2$ 通过无过渡态化学反应 R2 和 R3 进行反应。此外，$CF_3CuCOCF(CF_3)_2$ 在化学反应 R4 中通过势垒为 $0.7kcal \cdot mol^{-1}$ 的过渡态 TS2 进行分解。TS2 在虚频处的振动模式表明：C(1)—C(4)键之间的拉伸振动导致 $CF_3CuCOCF(CF_3)_2$ 生成。由于化学反应 R4 的势垒仅为 $0.7kcal \cdot mol^{-1}$，因此相较于化学反应 R2 和 R3 更容易发生。

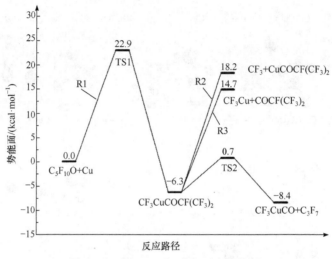

图 5-14　$C_5F_{10}O + Cu$ 分解反应势能面

2. $CF_3CuCOCF(CF_3)_2$ 分解机理

如图 5-15 所示，$CF_3CuCOCF(CF_3)_2$ 在化学反应 R5($CuCOCF(CF_3)_2 \longrightarrow$ TS3 $\longrightarrow$

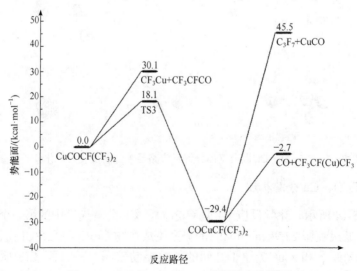

图 5-15　$CF_3CuCOCF(CF_3)_2$ 分解反应势能面

COCuCF(CF₃)₂)中跨越 18.1kcal·mol⁻¹ 的势垒异构化为 COCuCF(CF₃)₂。过渡态 TS3 在虚频下的振动模式表明：C(1)原子接近 C(3)原子生成 COCuCF(CF₃)₂，而当 C(1)—C(3)键断裂时，Cu(13)原子连接 C(3)原子和 C(1)原子，形成 COCuCF(CF₃)₂。 CuCOCF(CF₃)₂ 还在反应 R6(CuCOCF(CF₃)₂ —→ CF₃Cu + CF₃CFCO)中进行分解。

5.3.2　Cu 金属蒸气影响下的 C₅F₁₀O 气体分解速率系数

Cu 金属蒸气影响下的部分 C₅F₁₀O 分解速率系数(温度为 300K，气压为 1bar) 如表 5-4 所示。

表 5-4　Cu 金属蒸气影响下的部分 C₅F₁₀O 分解速率系数(温度为 300K，气压为 1bar)

反应	速率系数/(cm³·mol⁻¹·s⁻¹)	反应	速率系数/(cm³·mol⁻¹·s⁻¹)
R2	2.91×10^{-4}	R11	6.88×10^{8}
R3	82.08	R12	8.32×10^{-13}
R4	2.85×10^{9}	R13	8.26×10^{-2}
R5	6.59×10^{-43}	R14	4.85×10^{-47}
R6	2.53	R15	1.54×10^{-33}
R7	9.13×10^{-4}	R18	4.35×10^{-17}
R8	4.60×10^{8}	R19	3.31×10^{-40}
R10	1.25×10^{-45}		

5.4　本　章　小　结

以 C₅F₁₀O 混合气体作为绝缘介质的环保型 GIS 在电力系统中具有广阔的应用前景，其绝缘特性可以通过分析 C₅F₁₀O 混合气体在故障情况下的分解产物进行评估，但是 C₅F₁₀O 分解机制及环境气体因素的影响仍不清楚，分解产物演化规律也未知。因此，本章结合理论计算和实验，系统揭示了 C₅F₁₀O 混合气体分解机制及特征分解产物演化规律，填补了研究空白，为环保型 GIS 绝缘特性评估奠定基础。

(1) 利用量子化学方法建立了 C₅F₁₀O 在·OH 和 Cu 金属蒸气影响下的微观分解模型，研究了环境气体因素对 C₅F₁₀O 分解过程及特征分解产物形成途径的影响，最终构建了包含多条路径的 C₅F₁₀O 分解体系。

(2) 基于量子化学方法计算得到了 C₅F₁₀O 分解体系及相关微观数据，利用过渡态理论计算得到了速率系数，从速率系数角度分析了影响 C₅F₁₀O 特征分解产物生成、去除的关键化学反应，完善了 C₅F₁₀O 分解机理和特征分解产物形成机制等相关工作。

(3) 建立了研究 C₅F₁₀O 特征分解产物演化规律的非平衡化学动力学模型，获得 C₅F₁₀O 特征分解产物随温度衰减的动态变化特性，揭示了纯 C₅F₁₀O 特征分解产物的演化规律，并与第 4 章纯 C₄F₇N 特征分解产物演化规律进行了对比。

第 6 章　结论与展望

6.1　结　论

本书结合理论仿真和实验研究，系统建立了 SF_6、C_4F_7N 和 $C_5F_{10}O$ 气体绝缘介质特征分解产物形成路径图谱和微观参数数据库，获得了不同故障类型和程度下特征分解产物的变化特性和空间分布情况，阐明了同时考虑非平衡效应和空间结构的特征分解产物演化机理，获得了背景气体、微量杂质等因素对特征分解产物的影响规律，揭示了气体绝缘电气设备故障特征分解产物形成机制，解决了气体绝缘分解机制不明及相关基础参数缺失的难题，填补了气体绝缘特征分解产物演化规律的研究空白，为研究设备运行状态评估方法奠定了基础。本书提出的结合量子化学理论、过渡态理论、化学动力学模型和特征分解产物检测方法的研究体系，可以获得气体绝缘介质分解机制和特征分解产物演化规律，为研究气体绝缘介质灭弧特性、绝缘特性及设备故障诊断和运行状态智能感知奠定了理论基础并提供了方法支撑，在电气工程领域具有较高的应用价值。本书主要结论概括如下：

(1) 利用量子化学方法建立了 SF_6 在微水微氧、Cu 金属蒸气和 PTFE 材料蒸气等杂质下的微观分解模型，研究了不同杂质对 SF_6 分解过程及特征分解产物形成途径的影响，发现 SF_6 解离后形成的低氟硫化物，会进一步与杂质等发生化学反应，生成具有活性的中间产物或特征分解产物。中间产物将再次分解或者与杂质继续反应，直至演化为特征分解产物。最终构建了包含多条路径的 SF_6 分解体系。基于量子化学方法计算得到了 SF_6 分解体系及相关微观数据，利用过渡态理论计算得到了速率系数和平衡常数，从速率系数角度分析了影响 SF_6 特征分解产物生成、去除的关键化学反应，为完善 SF_6 分解机理和特征分解产物形成机制等相关工作奠定基础。建立了研究 SF_6 特征分解产物演化规律的非平衡化学动力学模型，通过求解元素化学计量数守恒、质量作用定律和电荷等中性条件组成的非线性方程组获得 SF_6 特征分解产物随时间和温度衰减的动态变化特性，揭示了 SF_6 特征分解产物的演化规律，并深入研究了火花放电对不同微水微氧条件下 SF_6 特征分解产物的影响。

(2) 利用量子化学方法建立了 C_4F_7N 在 O_2、N_2 和 Cu 金属蒸气等背景气体影响下的微观分解模型，研究了环境气体因素对 C_4F_7N 分解过程及特征分解产物形成途径的影响，最终构建了包含多条路径的 C_4F_7N 分解体系。基于量子化学方法计算得到了 C_4F_7N 分解体系及相关微观数据，利用过渡态理论计算得到了速率系数，从速率系数角度分析了影响 C_4F_7N 特征分解产物生成、去除的关键化学反应，完善了 C_4F_7N 分解机理和特征分解产物形成机制等相关工作。建立了研究纯 C_4F_7N 特征分解产物演化规律的非平衡化学动力学模型，通过求解元素化学计量数守恒、质量作用定律和电荷等中性条件组成的非线性方程组获得纯 C_4F_7N 特征分解产物随时间和温度衰减的动态变化特性，揭示了纯 C_4F_7N 特征分解产物的演化规律。结合气相色谱-质谱法研究获得了局部过热故障下 $C_4F_7N + CO_2$、$C_4F_7N + N_2$ 混合气体特征分解产物的演化规律。

(3) 利用量子化学方法建立了 $C_5F_{10}O$ 在 ·OH 和 Cu 金属蒸气影响下的微观分解模型，研究了环境气体因素对 $C_5F_{10}O$ 分解过程及特征分解产物形成途径的影响，最终构建了包含多条路径的 $C_5F_{10}O$ 分解体系。基于量子化学方法计算得到了 $C_5F_{10}O$ 分解体系及相关微观数据，利用过渡态理论计算得到了速率系数，从速率系数角度分析了影响 $C_5F_{10}O$ 特征分解产物生成、去除的关键化学反应，完善了 $C_5F_{10}O$ 分解机理和特征分解产物形成机制等相关工作。建立了研究纯 $C_5F_{10}O$ 特征分解产物演化规律的非平衡化学动力学模型，获得纯 $C_5F_{10}O$ 特征分解产物随时间和温度衰减的动态变化特性，揭示了纯 $C_5F_{10}O$ 特征分解产物的演化规律，并与第 4 章纯 C_4F_7N 的特征分解产物演化规律进行了对比。

6.2　展　　望

本书重点论述了气体绝缘介质分解机制及特征分解产物的演化规律。理论上进一步的深入研究对提高化学动力学模型的准确性和可信度具有重要意义。首先，带电粒子主要存在于高温区间，对特征分解产物的演化机制具有一定影响，因此新的特征分解产物演化模型应该包含带电粒子的生成和消耗机制。其次，改善化学反应速率系数的计算方法以输入更可靠的基础参数，从而提高化学动力学模型的准确性。最后，在本书内容的基础上，可以进一步探索气体绝缘介质特征分解产物与故障类型和程度的定量关系，结合人工智能算法和先进传感技术研发智能气敏传感器，从而实现基于气体组分分析的电气设备故障诊断和运行状态智能感知。

参 考 文 献

[1] CHU F Y. SF$_6$ decomposition in gas-insulated equipment[J]. IEEE Transactions on Electrical Insulation, 1986, 21(5): 693-725.

[2] FU Y W, YANG A J, WANG X H, et al. Theoretical study of the neutral decomposition of SF$_6$ in the presence of H$_2$O and O$_2$ in discharges in power equipment [J]. Journal of Physics D: Applied Physics, 2016, 49(38):385203.

[3] WAN H X, MOORE J H, OLTHOFF J K, et al. Electron scattering and dissociative attachment by SF$_6$ and its electrical-discharge by-products[J]. Plasma Chemistry and Plasma Processing, 1993, 13(1): 1-16.

[4] SHIBUYA Y, MATSUMOTO S, TANAKA M, et al. Electromagnetic waves from partial discharges and their detection using patch antenna[J]. IEEE Transactions on Dielectrics and Electrical Insulation, 2010, 17(3): 862-871.

[5] RONG M Z, LI T H, WANG X H, et al. Investigation on propagation characteristics of PD-induced electromagnetic wave in T-shaped GIS based on FDTD method[J]. IEICE Transactions on Electronics, 2014, 97(9): 880-887.

[6] LI T H, WANG X H, ZHENG C, et al. Investigation on the placement effect of UHF sensor and propagation characteristics of PD-induced electromagnetic wave in GIS based on FDTD method[J]. IEEE Transactions on Dielectrics and Electrical Insulation, 2014, 21(3): 1015-1025.

[7] HIKITA M, OHTSUKA S, OKABE S, et al. Influence of disconnecting part on propagation properties of PD-induced electromagnetic wave in model GIS[J]. IEEE Transactions on Dielectrics and Electrical Insulation, 2010, 17(6): 1731-1737.

[8] XIE Y B, TANG J, ZHOU Q. Suppressing white-noise in partial discharge measurements—Part 1: Construction of complex Daubechies wavelet and complex threshold[J]. European Transactions on Electrical Power, 2009, 20(6): 800-810.

[9] TANG J, LIU F, ZHANG X X, et al. Partial discharge recognition through an analysis of SF$_6$ decomposition products Part 1: Decomposition characteristics of SF$_6$ under four different partial discharges[J]. IEEE Transactions on Dielectrics and Electrical Insulation, 2012, 19(1): 29-36.

[10] TANG J, LIU F, ZHANG X X, et al. Characteristics of the concentration ratio of SO$_2$F$_2$ to SOF$_2$ as the decomposition products of SF$_6$ under corona discharge[J]. IEEE Transactions on Plasma Science, 2012, 40(1): 56-62.

[11] TANG J, LIU F, MENG Q H, et al. Partial discharge recognition through an analysis of SF$_6$ decomposition products Part 2: Feature extraction and decision tree-based pattern recognition[J]. IEEE Transactions on Dielectrics and Electrical Insulation, 2012, 19(1): 37-44.

[12] 汲胜昌, 钟理鹏, 刘凯, 等. SF$_6$ 放电分解组分分析及其应用的研究现状与发展[J]. 中国电机工程学报, 2015, 35(9): 2318-2332.

[13] 张晓星, 姚尧, 唐炬, 等. SF$_6$ 放电分解气体组分分析的现状和发展[J]. 高电压技术, 2008, 34(4): 664-669, 747.

[14] 唐炬, 陈长杰, 刘帆, 等. 局部放电下 SF$_6$ 分解组分检测与绝缘缺陷编码识别[J]. 电网技术, 2011, 35(1): 110-116.

[15] PIEMONTESI M, NIEMEYER L. Sorption of SF$_6$ and SF$_6$ decomposition products by activated alumina and molecular sieve 13X[C]. IEEE International Symposium on Electrical Insulation, Montreal, Canada, 1996: 828-838.

[16] MCGEEHAN J P, O'NEILL B C, CRAGGS J D. Negative-ion/molecule reactions in sulphur hexafluoride[J]. Journal of Physics D: Applied Physics, 1975, 8(2): 153-160.

[17] SAUERS I. By-product formation in spark breakdown of SF$_6$/O$_2$ mixtures[J]. Plasma Chemistry and Plasma Processing, 1988, 8(2): 247-262.

[18] OLTHOFF J K, VAN BRUNT R J, HERRON J T, et al. Detection of trace disulfur decafluoride in sulfur hexafluoride by gas chromatography/mass spectrometry[J]. Analytical Chemistry, 1991, 63(7): 726-732.

[19] RIKKER TAM A S, MOLN A R, BOR A, et al. Decomposition of sulphur hexafluoride by gas chromotography/mass spectrometry[J]. Rapid Communication in Mass Spectrometry, 1997, (11): 1643-1648.

[20] VAN BRUNT R J, SAUERS I. Gas-phase hydrolysis of SOF_2 and SOF_4[J]. The Journal of Chemical Physics, 1986, 85(8): 4377-4380.

[21] HERGLI R, CASANOVAS J, DERDOURI A, et al. Study of the decomposition of SF_6 in the presence of water, subjected to gamma irradiation or corona discharges[J]. IEEE Transactions on Electrical Insulation, 1988, 23(3): 451-465.

[22] VAN BRUNT R J, HERRON J T. Fundamental processes of SF_6 decomposition and oxidation in glow and corona discharges[J]. IEEE Transactions on Electrical Insulation, 1990, 25(1): 75-94.

[23] BARTLOVÁ M, COUFAL O. Comparison of some models of reaction kinetics in HV circuit breakers with SF_6 after current zero[J]. Journal of Physics D: Applied Physics, 2002, 35(23): 3065-3076.

[24] PLUMB I C, RYAN K R. Gas-phase reactions in plasmas of SF_6 with O_2 : Reactions of F with SOF_2 and SO_2 and reactions of O with SOF_2[J]. Plasma Chemistry and Plasma Processing, 1989, 9(3): 409-420.

[25] CZARNOWSKI J, SCHUMACHER H J. The kinetics of the thermal decomposition of bis-(pentafluorosulfur peroxide)[J]. Journal of Fluorine Chemistry, 1976, 7(1): 235-243.

[26] SETOKUCHI O, SATO M, MATUZAWA S. A theoretical study of the potential energy surface and rate constant for an $O(_3P)$ + HO_2 reaction[J]. Journal of Physical Chemistry A, 2000, 104(14): 3204-3210.

[27] ZHANG H H, CHEN D Z, ZHANG Y H, et al. On the mechanism of carbonyl hydrogenation catalyzed by iron catalyst[J]. Dalton Transactions, 2010, 39(8): 1972-1978.

[28] HU S Q, LIU L L, LIU P J, et al. Rate constants determination for reactions of B_2O_3 with H_2O and HCl at high temperature using ab initio calculations[J]. Computational and Theoretical Chemistry, 2017, 1113:101-104.

[29] ADAMEC L, COUFAL O. On kinetics of reactions in HV circuit breakers after current zero[J]. Journal of Physics D: Applied Physics, 1999, 32(14): 1702-1710.

[30] TANAKA Y, YOKOMIZU Y, ISHIKAWA M, et al. Particle composition of high-pressure SF_6 plasma with electron temperature greater than gas temperature[J]. IEEE Transactions on Plasma Science, 1997, 25(5): 991-995.

[31] GLEIZES A, MBOLIDI F, HABIB A A M. Kinetic model of a decaying SF_6 plasma over the temperature range 12000K to 3000K[J]. Plasma Sources Science and Technology, 1993, 2(3): 173-179.

[32] COLL I, CASANOVAS A M, VIAL L, et al. Chemical kinetics modelling of a decaying SF_6 arc plasma in the presence of a solid organic insulator, copper, oxygen and water[J]. Journal of Physics D: Applied Physics, 2000, 33(3): 221-229.

[33] WANG X H, GAO Q Q, FU Y W, et al. Dominant particles and reactions in a two-temperature chemical kinetic model of a decaying SF_6 arc[J]. Journal of Physics D: Applied Physics, 2016, 49(10): 105502.

[34] CAMILLI G, GORDON G S, PLUMP R E. Gaseous insulation for high-voltage transformers [includes discussion] [J]. Transactions of the American Institute of Electrical Engineers Part Ⅲ Power Apparatus and Systems, 1952, 71(1-Ⅲ): 348-357.

[35] BOUDENE C, CLUET J L, KEIB G. Identification and study of some properties of compounds resulting from the decomposition of SF_6 under the effect of electrical arcing in circuit-breakers[J]. Revue Générale de l'Électricité, 1974: 45-78.

[36] HIROOKA K, KUWAHARA H, NOSHIRO M, et al. Decomposition products of SF_6 gas by high-current arc and their reaction mechanism[J]. Electrical Engineering in Japan, 1935, 95(6): 14-19.

[37] BAKER A, DETHLEFSEN R, DODDS J, et al. Study of arc by-products in gas-insulated equipment[R]. EPRI Report No. EL-1646, 1980.

[38] VAN BRUNT R J. Production rates for oxyfluorides SOF_2, SO_2F_2, and SOF_4 in SF_6 corona discharges[J]. Journal of Research of the National Bureau of Standards,1985, 90(3): 229-253.

[39] SAUERS I, ELLIS H W, CHRISTOPHOROU L G. Neutral decomposition products in spark breakdown of SF_6[J]. IEEE Transactions on Electrical Insulation, 1986, 21(2): 111-120.

[40] BECHER W, MASSONNE J. The decomposition of sulfur hexafluoride in electrical arcs and sparks[J]. Elektrotechnische Zeitschrift ETZ A, 1970, 91(11): 605-610.

[41] 张晓星, 任江波, 肖鹏, 等. 检测 SF_6 气体局部放电的多壁碳纳米管薄膜传感器[J]. 中国电机工程学报, 2009, 29(16): 114-118.

[42] 张晓星, 冯波, 张锦斌, 等. 氯化镍掺杂的碳纳米管对 SF_6 放电分解产物的气敏响应[J]. 电网技术, 2011, 35 (10): 189-193.

[43] 张晓星, 刘王挺, 唐炬, 等. 碳纳米管传感器检测 SF_6 放电分解组分的实验研究[J]. 电工技术学报, 2011, 26(11): 121-126.

[44] 许国旺. 现代实用气相色谱法[M]. 北京: 化学工业出版社, 2004.

[45] IEC 60480: 2004. Guidelines for the checking and treatment of sulfur hexafluoride (SF_6) taken from electrical equipment and specification for its re-use[S]. Offenbach: Verband Deutscher Elektrotechniker, 2004.

[46] MUKAIYAMA Y, TAKAGI I, ISHIHARA H, et al. Principal decomposition by-products generated at various abnormalities in gas-insulated transformers[J]. IEEE Transactions on Power Delivery, 1991, 6(3): 1117-1123.

[47] 唐炬, 李涛, 胡忠, 等. 两种常见局部放电缺陷模型的 SF_6 气体分解组份对比分析[J]. 高电压技术, 2009, 35 (3): 487-492.

[48] SAUERS I. Sensitive detection of by-products formed in electrically discharged sulfur hexafluoride[J]. IEEE Transactions on Electrical Insulation, 1986, 21(2): 105-110.

[49] VAN BRUNT R J, HERRON J T. Plasma chemical model for decomposition of SF_6 in a negative glow corona discharge[J]. Physica Scripta, 1994, 1994(T53): 9-29.

[50] TOMINAGA S, KUWAHARA H, HIROOKA K, et al. SF_6 gas analysis technique and its application for evaluation of internal conditions in SF_6 gas equipment[J]. IEEE Transactions on Power Apparatus and Systems, 1981, 25(9): 4196-4206.

[51] GAUTSCHI D, FICHEUX A, WALTER M, et al. Application of a fluoronitrile gas in GIS and GIL as an environmental friendly alternative to SF_6[C]. CIGRE, Paris, French, 2016: B3-106.

[52] MANTILLA J D, CLASSENS M, KRIEGEL M. Environmentally friendly perfluoroketones-based mixture as switching medium in high voltage circuit breakers[C]. CIGRE, Paris, French, 2016: 716-724.

[53] YU X J, HOU H, WANG B S. Mechanistic and kinetic investigations on the thermal unimolecular reaction of heptafluoroisobutyronitrile[J]. The Journal of Physical Chemistry A, 2018, 122(38): 7704-7715.

[54] FU Y W, RONG M Z, YANG K, et al. Calculated rate constants of the chemical reactions involving the main byproducts SO_2F, SOF_2, SO_2F_2 of SF_6 decomposition in power equipment[J]. Journal of Physics D: Applied Physics, 2016, 49(15): 155502.

[55] FU Y W, WANG X H, YANG A J, et al. Theoretical study of the decomposition mechanism of SF_6/Cu gas mixtures[J]. Journal of Physics D: Applied Physics, 2018, 51(42): 425202.

[56] 唐炬, 曾福平, 孙慧娟, 等. 电极材料对 SF_6 局放分解特征组分生成的影响[J]. 高电压技术, 2015, 41(1): 100-105.

[57] XIAO S, ZHANG X X, ZHUO R, et al. The influence of Cu, Al and Fe free metal particles on the insulating performance of SF_6 in C-GIS[J]. IEEE Transactions on Dielectrics and Electrical Insulation, 2017, 24(4): 2299-2305.

[58] WANG X H, ZHONG L L, YAN J, et al. Investigation of dielectric properties of cold C_3F_8 mixtures and hot C_3F_8 gas as substitutes for SF_6[J]. European Physical Journal D, 2015, 69(10):1-7.

[59] 肖淞. 工频电压下 SF_6 替代物 CF_3I/CO_2 绝缘性能及微水对 CF_3I 影响研究[D]. 重庆: 重庆大学, 2016.

[60] 李鑫涛, 林莘, 徐建源, 等. SF_6/N_2 混合气体电击穿特性仿真及实验[J]. 电工技术学报, 2017, 32(20): 42-52.

[61] MURAI K, NAKANO T, TANAKA Y, et al. The LTE thermofluid simulation of Ar/SF_6 gas-blast arcs in a nozzle space in an arc device[J]. IEEJ Transactions on Power and Energy, 2016, 136(9): 741-748.

[62] ZHONG L L, RONG M Z, WANG X H, et al. Compositions, thermodynamic properties, and transport coefficients of high-temperature $C_5F_{10}O$ mixed with CO_2 and O_2 as substitutes for SF_6 to reduce global warming potential[J]. AIP Advances, 2017, 7(7): 075003.

[63] ZHANG X X, LI Y, XIAO S, et al. Decomposition mechanism of $C_5F_{10}O$: An environmental friendly insulation medium[J]. Environmental Science and Technology, 2017, 51(17): 10127-10136.

[64] ZHANG X X, LI Y, XIAO S, et al. Theoretical study of the decomposition mechanism of environmentally friendly insulating medium C_3F_7CN in the presence of H_2O in a discharge[J]. Journal of Physics D: Applied Physics, 2017, 50(32): 325201.

[65] LI Y, ZHANG X X, XIAO S, et al. Decomposition properties of C_4F_7N/N_2 gas mixture: An environmentally friendly gas to replace SF_6[J]. Industrial and Engineering Chemistry Research, 2018, 57(14): 5173-5182.

[66] FU Y W, WANG X H, LI X, et al. Theoretical study of the decomposition pathways and products of C5- perfluorinated ketone (C5 PFK) [J]. AIP Advances, 2016, 6(8): 085305.

[67] FU Y W, RONG M Z, WANG X H, et al. Rate constants of $C_5F_{10}O$ decomposition reactions at temperatures of 300-3500 K[J]. Journal of Physics D: Applied Physics, 2019, 52(3): 035202.

[68] FREES L C, SAUERS I, ELLIS H W, et al. Positive ions in spark breakdown of SF_6[J]. Journal of Physics D: Applied Physics, 1981, 14(9): 1629-1642.

[69] 赵小令, 谭东现, 赵谡, 等. CF_3I 气体在 C-GIS 中开断电弧后的副产物分析[J]. 中国电机工程学报, 2019, 39(14):4325-4333.

[70] 赵明月, 韩冬, 荣文奇, 等. 电晕放电下全氟异丁腈(C_4F_7N)与空气混合气体的分解产物规律及其形成原因分析[J]. 高电压技术, 2018, 44(10): 3174-3182.

[71] SZABO A, OSTLUND N S. Modern Quantum Chemistry : Introduction to Advanced Electronic Structure Theory[M]. New York: McGraw-Hill, 1989.

[72] LIANG S N, LAN B L. Accuracy of the non-relativistic approximation for momentum diffusion[J]. European Physical Journal Plus, 2016, 131(6):218.

[73] BORN M, OPPENHEIMER J R. Born-Oppenheimer Approximation[M]. Saarbrücken: Alphascript Publishing, 1927.

[74] CIOSLOWSKI J, ORTIZ J V. One-electron density matrices and energy gradients in second-order electron propagator theory[J]. Journal of Chemical Physics, 1992, 96(11): 8379-8389.

[75] EYRING H, POLANYI M. On simple gas reactions[J]. Zeitschrift Für Physikalische Chemie, 2013, 227(9-11): 1221-1245.

[76] NORTH A C T, PHILLIPS D C, MATHEWS F S. A semi-empirical method of absorption correction[J]. Acta Crystallographica, 1968, 24(3): 351-359.

[77] INGEN J L V. A suggested semi-empirical method for the calculation of boundary layer transition region[J]. Journal of Applied Physics, 2015, 9(15): 112-147.

[78] BROWN F B, TRUHLAR D G. A new semi-empirical method of correcting large-scale configuration interaction calculations for incomplete dynamic correlation of electrons[J]. Chemical Physics Letters, 1985, 117(4): 307-313.

[79] FRIOUI S, OUMEDDOUR R. Investment and production costs of desalination plants by semi-empirical method[J]. Desalination, 2008, 223(1-3): 457-463.

[80] 苏忠民, 王荣顺, 支志明. 含氮杂环并苯类高聚物结构与能带规律的从头算和半经验量子化学研究[J]. 分子科学学报: 中英文版, 1999, 15(1): 18-26.

[81] DEVLIN F J, FINLEY J W, STEPHENS P J, et al. Ab initio calculation of vibrational absorption and circular dichroism spectra using density functional force fields: A comparison of local, nonlocal, and hybrid density functionals[J]. Chemical Physics Letters, 1994, 98(45): 247-257.

[82] HOBZA P, SPONER J. ChemInform abstract: Structure, energetics, and dynamics of the nucleic acid base pairs: Nonempirical ab initio calculations[J]. Cheminform, 2000, 31(3): 3247.

[83] COTTON F A. Molecular orbital theory[J]. Journal of the American Chemical Society, 2003, 87(23): 61-127.

[84] HEHRE W J, RADOM L, SCHEYER P V, et al. Ab Initio Molecular Orbital Theory[M]. Hoboken: Wiley, 1986.

[85] TSUNEDA T. Hartree-Fock Method[M]. Tokyo: Springer Japan, 2014.

[86] WAGNER A J. Comparative study of the Hartree-Fock and the Hartree-Fock-Slater method[J]. International Journal of Quantum Chemistry, 1983, 23(1): 235-248.

[87] 韩玉真. 以高斯函数为基组的自洽场分子轨道从头计算程序[J]. 北京大学学报(自然科学版), 1982, (3): 19-29.

[88] THOMAS L H. The calculation of atomic fields[J]. Proceedings of the Cambridge Pillips Society, 1927, 23(5): 542-548.

[89] FERMI E. Un Metodo statistico per la determinazione di alcune proprietà dell' atomo[J]. Endiconti: Accademia Nazionale Dei Lincei, 1927, 6: 602-607.

[90] HOHENBERG P, KOHN W. Inhomogeneous electron gas[J]. Physical Review, 1964, 136(3): B864.

[91] KOHN W, SHAM L J. Self-consistent equations including exchange and correlation effects[J]. Physical Review, 1965, 140(4): 1133-1138.

[92] JACKSON K, PEDERSON M R. Accurate forces in a local-orbital approach to the local-density approximation[J]. Physical Review B: Condensed Matter, 1990, 42(6): 3276-3281.

[93] HAHN T, LIEBING S, KORTUS J, et al. Fermi orbital self-interaction corrected electronic structure of molecules beyond local density approximation[J]. Journal of Chemical Physics, 2015, 143(22):224104.

[94] PERDEW J P, CHEVARY J A, VOSKO S H, et al. Erratum: Atoms, molecules, solids, and surfaces: Applications of the generalized gradient approximation for exchange and correlation[J]. Physical Review B, 1992, 46(11): 6671-6687.

[95] WILSON P J, BRADLEY T J, TOZER D J. Hybrid exchange-correlation functional determined from thermochemical data and ab initio potentials[J]. Journal of Chemical Physics, 2011, 115(20): 9233-9242.

[96] RAMZAN M, LEBEGUE S, AHUJA R. Hybrid exchange-correlation functional study of the structural, electronic, and mechanical properties of the MAX phases[J]. Applied Physics Letters, 2011, 98(2): 021902.

[97] BECKE A D. A new mixing of Hartree-Fock and local density-functional theories[J]. Journal of Chemical Physics, 1993, 98(2): 1372-1377.

[98] BECKE A D. Density-functional thermochemistry. 4. A new dynamical correlation functional and implications for exact-exchange mixing[J]. The Journal of Chemical Physics, 1996, 104(3): 1040-1046.

[99] LEE C, YANG W, PARR R G. Development of the Colle-Salvetti correlation energy formula into a functional of the electron density[J]. Physical Review B Condensed Matter, 1988, 37(2): 785-789.

[100] DOUGLAS R. The Calculation of Atomic Structures[M]. New York: John Willey, 1957.

[101] 卢彦霞. 几种含硫有机小分子与 HO$_2$ 自由基反应机理及主反应速率常数[D]. 西安: 陕西师范大学, 2010.

[102] HOCHBERG Y, KUFLIK E, MURAYAM H, et al. Model for thermal relic dark matter of strongly interacting massive particles [J]. Physical Review Letters, 2015, 115(2):021301.

[103] ADAMSON A W, GAST A P. Physical Chemistry of Surfaces[M]. New York: Wiley, 1990.

[104] BILLING G D, MIKKELSEN K V, TRUHLAR D G. Introduction to molecular dynamics and chemical kinetics[J]. Physics Today, 1996, 49(10): 74-76.

[105] JOHNSTON H S. Gas-Phase Reaction-Rate Theory[M]. New York: Ronald Press Company, 1966.

[106] BALDRIDGE K K, GORDON M S, STECKLER R, et al. Ab initio reaction paths and direct dynamics calculations[J]. Journal of Physical Chemistry, 1989, 93(13): 5107-5119.

[107] ALLISON T C, LYNCH G C, TRUHLAR D G, et al. An improved potential energy surface for the H$_2$Cl system and its use for calculations of rate coefficients and kinetic isotope effects[J]. Journal of physical chemistry, 1996, 100(32): 13575-13587.

[108] 赵学庄.化学反应动力学原理[M]. 北京: 高等教育出版社, 1984.

[109] BAER T, HASE W L. Unimolecular Reaction Dynamics: Theory and Experiments[M]. London: Oxford University Press, 1996.

[110] MCRAE R P, SCHENTER G K, GARRETT B C, et al. Variational transition state theory evaluation of the rate constant for proton transfer in a polar solvent[J]. Journal of Chemical Physics, 2001, 115(18): 8460-8480.

[111] CLAIRE P D S, BARBARAT P, HASE W L. Ab initio potential and variational transition state theory rate constant for H-atom association with the diamond (111) surface[J]. Journal of Chemical Physics, 1994, 101(3): 2476-2488.

[112] TRUHLAR D G, GARRETT B C. Variational transition-state theory[J]. Accounts of Chemical Research, 1980, 13(12): 440-448.

[113] ISAACSON A D, SUND M T, RAI S N, et al. Improved canonical and microcanonical variational transition state theory calculations for a polyatomic reaction: OH+H$_2$ $\longrightarrow$ H$_2$O+H[J]. Journal of Chemical Physics, 1985, 82(3): 1338-1340.

[114] GARRETT B C, TRUHLAR D G, GREV R S, et al. Variational transition state theory, vibrationally adiabatic transmission coefficients, and the unified statistical model tested against accurate quantal rate constants for collinear F+H$_2$, H+F$_2$, and isotopic analogs[J]. Journal of Chemical Physics, 1980, 73(4): 1721-1728.

[115] GARRETT B C, TRUHLAR D G. Improved canonical variational theory for chemical reaction rates. Classical mechanical theory and applications to collinear reactions[J]. Journal of Physical Chemistry, 1980, 84(7): 805-812.

[116] ESPINOSA-GARCIA J, OJALVO E A, CORCHADO J C. Theoretical rate constants: On the error cancellation using conventional transition-state theory and Wigner's tunnelling correction[J]. Journal of Molecular Structure: Theochem, 1994, 303(94): 131-139.

[117] 刘群, 孟令鹏, 郑世钧, 等. HOSO+X(X=F,Cl,Br)的反应机理及电子密度拓扑分析[J]. 科学通报, 2011, 56(19): 1522-1529.

[118] GIRARD R, GONZALEZ J J, GLEIZES A. Modelling of a two-temperature SF$_6$ arc plasma during extinction[J]. Journal of Physics D: Applied Physics, 1999, 32(11): 1229-1238.

[119] WANG W, RONG M, WU Y, et al. Thermodynamic and transport properties of two-temperature SF$_6$ plasmas[J]. Physics of Plasmas, 2012, 19(8): 083506.

[120] ADAMEC L, COUFAL O. Comments on the computation of the composition of quenching media in HV circuit breakers after current zero[J]. Journal of Physics D: Applied Physics, 1997, 30 (11): 1646-1652.

[121] VIAL L, CASANOVAS A M, COLL I, et al. Decomposition products from negative and 50 Hz ac corona discharges in compressed SF$_6$ and SF$_6$/N$_2$ (10:90) mixtures. Effect of water vapour added to the gas[J]. Journal of Physics D: Applied Physics, 1999, 32(14): 1681-1692.

[122] CHEUNG Y S, CHEN Y J, NG C Y, et al. Combining theory with experiment: Assessment of the thermochemistry of SF$_n$, SF$_n^+$, and SF$_n^-$, n=1-6[J]. Journal of the American Chemical Society, 1995, 117(38): 9725-9733.

[123] VAN BRUNT R J, SIDDAGANGAPPA M C. Identification of corona discharge-induced SF$_6$ oxidation mechanisms using SF$_6$/^{18}O$_2$/H$_2$^{16}O and SF$_6$/^{16}O$_2$/H$_2$^{18}O gas mixtures[J]. Plasma Chemistry and Plasma Processing, 1988, 8(2): 207-223.

[124] YAMADA Y, TAMURA H, TAKEDA D. Photochemical reaction of sulfur hexafluoride with water in low-temperature xenon matrices[J]. Journal of Chemical Physics, 2011, 134(10): 104302.

[125] RYAN K R, PLUMB I C. A model for the etching of silicon in SF$_6$/O$_2$ plasmas[J]. Plasma Chemistry and Plasma Processing, 1990, 10(2): 207-229.

[126] YOSHIZAWA K, SHIOTA Y, YAMABE T. Intrinsic reaction coordinate analysis of the conversion of methane to methanol by an iron-oxo species: A study of crossing seams of potential energy surfaces[J]. Journal of Chemical Physics, 1999, 111(2): 538-545.

[127] NIST Chemical Kinetics Database, NIST Standard Reference Database 17, Version 7.0 (Web Version), Release 1.6.8, Data version 2015.12, National Institute of Standards and Technology[M/OL]. [2016-05-04]. http://kinetics. nist.gov/.

[128] HA T K, NGUYEN M T. Ab initio CI study of the ground and excited states of CuF$_2$ and CuCl$_2$[J]. Zeitschrift Für Naturforschung A, 1984, 39(2):175-178.

[129] IRIKURA K K. Structure and thermochemistry of sulfur fluorides SF$_n$ (n=1-5) and their ions SF$_n^+$ (n=1-5) [J]. Journal of Chemical Physics, 1995, 102(13): 5357-5367.

[130] ZIEGLER T, GUTSEV G L. A theoretical investigation on the molecular and electronic structure of the SF$_n$ compounds n=1-5 and their singly charged negative ions[J]. Journal of Chemical Physics, 1992, 96(10): 7623-7632.

[131] LI Y, ZHANG X X, CHEN Q, et al. Study on the thermal interaction mechanism between C$_4$F$_7$N-N$_2$ and copper, aluminum[J]. Corrosion Science, 2019, 153: 32-46.

附　　录

(1) 微水微氧下 SF_6 分解路径中反应物、生成物、中间体和过渡态的振动频率如表 S1 所示。

表 S1　微水微氧下 SF_6 分解路径中反应物、生成物、中间体和过渡态的振动频率

粒子/过渡态	振动频率/cm^{-1}	计算方法/文献
HF	4115.6967	a
	4138	d
H_2O	1637.9196, 3812.7536, 3909.9019	a
	1595, 3657, 3756	d
FOH	954.0006, 1398.7429, 3745.6769	a
	886, 1393, 3537	d
SO_2F_2	347.4043, 350.8125, 493.7665, 502.8153, 506.4141, 775.3380, 816.2118, 1218.8573, 1461.7271	a
	385, 388, 539, 544, 553, 848, 885, 1269, 1502	d
F_3SOO	207.5868, 250.6476, 276.2801, 446.8387, 483.7731, 487.4098, 525.9343, 530.8535, 695.7765, 744.1243, 883.8626, 1343.1689	a
	209.3489, 249.7350, 273.0824, 443.7377, 475.1226, 478.1675, 518.4061, 520.8232, 671.9738, 731.9124, 865.3674, 1331.4731	b
	212.4122, 285.7499, 423.1354, 480.3337, 516.4433, 518.5183, 564.2933, 575.7413, 766.8955, 770.0060, 918.7281, 1418.3221	c
$HOSOF_3$	192.1197, 262.8034, 460.2698, 477.8499, 502.5078, 523.6581, 538.9094, 566.9864, 582.5783, 723.2313, 732.9081, 866.9124, 1266.7180, 1323.0925, 3707.9565	a
	193.7752, 258.4138, 450.3343, 471.5637, 495.4625, 516.2217, 522.9122, 553.9998, 563.2261, 700.9989, 717.4828, 848.3557, 1253.4500, 1314.4822, 3698.0558	b
	209.0405, 272.2214, 479.2385, 499.6385, 528.4752, 549.9966, 560.4752, 587.0178, 599.3207, 751.8256, 767.8666, 915.6714, 1255.8938, 1398.3182, 3790.3862	c
SF_4	197.2198, 316.2813, 418.7065, 473.9078, 480.3578, 529.5340, 719.0347, 792.5505, 821.9294	a
	228, 353, 412, 475, 532, 558, 730, 865, 892	d
SOF_4	146.5648, 253.9508, 501.6263, 511.3269, 512.2797, 516.0995, 552.0557, 585.0534, 713.5532, 786.4659, 840.8274, 1339.6764	a
	153.1810, 247.5744, 498.9495, 501.9012, 503.1397, 509.9693, 533.7820, 578.7466, 702.3014, 756.4055, 818.1934, 1325.9639	b
	161.0853, 258.1594, 528.8733, 535.2188, 536.1043, 542.7722, 571.1472, 613.0227, 748.4584, 811.4133, 877.0428, 1410.8606	c
$HOSOF_4$	266.9628, 313.5941, 317.0643, 324.9817, 397.8726, 428.5551, 490.6655, 504.8878, 532.3847, 551.2482, 566.4531, 583.3293, 674.7868, 806.3127, 809.7341, 875.1109, 1257.2455, 3768.9694	a
	260.3668, 307.6324, 311.8501, 314.1356, 392.6178, 429.6273, 484.6218, 490.3288, 516.9995, 536.5073, 550.5238, 570.5550, 664.2088, 788.4765, 790.3475, 855.0552, 1249.3949, 3759.7244	b

粒子/过渡态	振动频率/cm^{-1}	计算方法/文献
HOSOF$_4$	263.3620, 315.4804, 331.8703, 336.1543, 448.9664, 458.9246, 516.9074, 546.0287, 564.6252, 582.1048, 595.2010, 620.7766, 715.4571, 848.7953, 872.3616, 945.7840, 1254.4541, 3863.7270	c
SF$_4$(OH)$_2$	68.0230, 246.7984, 309.8533, 312.0234, 321.5481, 464.1391, 466.8726, 475.4922, 540.1835, 540.7103, 541.6211, 558.0073, 564.4355, 666.2916, 820.0957, 838.2304, 838.8258, 224.13491, 261.4955, 3793.4888, 3795.2514	a
	76.3234, 239.5664, 301.7415, 309.6717, 316.9826, 460.9834, 461.3890, 469.0438, 522.1451, 524.1064, 526.8850, 543.8176, 545.4543, 654.0737, 794.7375, 820.3778, 820.6976, 1219.6757, 1259.4212, 3783.5972, 3785.1813	b
	67.6376, 205.6940, 325.6153, 345.0463, 373.8335, 489.2569, 489.7060, 507.7590, 566.3655, 572.4098, 578.3845, 588.7899, 593.4022, 701.4825, 853.1044, 894.6594, 898.2887, 1245.0406, 1264.0278, 3871.6670, 3872.1248	c
SF$_5$OH	154.9161, 302.6450, 319.6962, 323.7391, 453.4824, 473.6263, 486.1204, 539.0415, 551.3885, 564.4858, 578.5954, 586.9307, 680.4109, 844.8706, 855.3696, 876.6748, 1238.7115, 3782.0672	a
	155.9998, 298.1315, 315.0830, 320.2942, 451.6562, 468.4455, 480.1442, 525.9000, 536.9202, 551.8992, 562.8814, 570.8733, 670.0420, 828.1995, 831.7924, 852.9504, 1233.2983, 3771.5204	b
	142.6597, 321.2205, 338.0530, 341.5901, 481.9104, 503.2540, 514.6487, 572.4405, 585.1427, 594.3233, 605.2921, 614.0196, 717.1035, 886.0461, 896.3613, 930.9303, 1240.9223, 3872.7478	c
TS1	645.7427i, 128.0215, 129.4018, 163.8260, 228.1848, 262.6123, 268.0132, 342.2103, 375.8431, 420.8762, 460.7394, 487.3041, 539.6141, 695.1706, 739.3242, 806.5913, 983.2578, 3713.6465	a
TS2	1430.1702i, 207.0785, 217.3974, 290.5018, 375.2102, 406.5813, 518.9824, 529.5805, 555.1605, 560.9475, 599.5211, 678.6307, 745.9696, 804.0666, 881.5059, 1034.0163, 1070.6256, 1940.7402	a
TS3	1334.3842i, 178.9565, 250.8851, 294.6289, 343.7409, 386.9515, 406.0444, 497.9088, 500.8693, 563.7679, 594.6476, 697.2558, 754.2285, 760.3871, 869.8025, 1037.9853, 1067.7559, 1972.4166	a
TS4	1537.2582i, 248.9489, 264.4983, 312.5466, 381.8576, 395.8609, 474.6938, 511.6863, 526.3904, 543.1357, 561.9584, 578.7165, 653.1271, 745.3977, 782.1767, 848.5698, 988.4828, 1056.3636, 1345.4800, 2025.8572, 3761.2602	a
TS5	1350.0658i, 184.4462, 235.7440, 284.0921, 315.3908, 380.4752, 418.6011, 509.4195, 510.4180, 532.0783, 545.5744, 589.4282, 685.9054, 742.4582, 767.1801, 895.9332, 1040.6808, 1043.3802, 1228.6472, 1954.1282, 3756.9735	a
TS6	1030.0027i, 215.0937, 233.8372, 307.9519, 349.1538, 380.6486, 433.0270, 454.8081, 506.5438, 527.1368, 559.6600, 602.1386, 616.4941, 705.0310, 744.1618, 847.5317, 1065.9926, 1297.8278, 1406.5106, 1841.7610, 3745.9694	a
TS7	957.3040i, 209.1897, 275.2808, 374.3381, 431.8265, 482.0172, 503.5384, 574.7050, 730.5636, 777.7641, 888.5863, 1036.8420, 1088.0140, 1377.9606, 2174.4719	a

a 基于 B3LYP/6-311G(d,p)方法。

b 基于 CCSD(T)/aug-cc-pVDZ 方法。

c 加入零点能矫正。

d NIST Chemical Kinetics Database, NIST Standard Reference Database 17, Version 7.0 (Web Version), Release 1.6.8, Data version 2015.09, National Institute of Standards and Technology[M/OL]. [2016-05-04]. http://kinetics.nist.gov/.

(2) SF$_6$ + Cu 分解路径中反应物、生成物、中间体和过渡态的振动频率如表 S2 所示。

表 S2　SF$_6$ + Cu 分解路径中反应物、生成物、中间体和过渡态的振动频率

粒子/过渡态	振动频率/cm^{-1}
CuF	628.0157 (Σ) [a]
	622.7 (Σ) [b]
	661.3398 (Σ) [c]
	659.5439 (Σ) [d]
	645.0790 (Σ) [e]
SF	781.5949 (Σ) [a]
	837.6 (Σ) [b]
	837.5419 (Σ) [c]
	854.0892 (Σ) [d]
	857.0117 (Σ) [e]
FCuS	175.6093, 388.4095, 673.2753[a]
CuF$_2$	118.8305(P$_{IU}$), 208.1227 (P$_{IU}$), 578.1122 (S$_{GG}$), 775.5949 (S$_{GU}$) [a]
	97.4328 (P$_{IU}$), 204.2523 (P$_{IU}$), 613.5313 (S$_{GG}$), 808.0471 (S$_{GU}$) [c]
	90.2814 (P$_{IU}$), 202.6112 (P$_{IU}$), 612.9090 (S$_{GG}$), 809.2685 (S$_{GU}$) [d]
	55.9539 (P$_{IU}$), 179.5198 (P$_{IU}$), 645.8793 (S$_{GG}$), 803.6648 (S$_{GU}$) [e]
SF$_2$	317.8943 (A$_1$), 758.9674 (B$_2$), 784.0454 (A$_1$) [a]
	355.0 (A$_1$), 838.5 (A$_1$), 813.0 (B$_2$) [b]
	318.0669(A$_1$), 823.8971(B$_2$), 833.3824 (A$_1$) [c]
	323.7510(A$_1$), 840.6709(B$_2$), 849.7424(A$_1$) [d]
	329.8980(A$_1$), 850.7932(B$_2$), 859.5719(A$_1$) [e]
SF$_3$	151.5727, 326.8517, 420.4557, 544.0388, 665.3973(A"), 788.3715(A') [a]
	681.8000(A"), 843.8000(A') [b]
	168.6935, 342.4570, 435.5741, 596.3068, 748.3113(A"), 836.3984(A') [c]
	174.0362, 350.3947, 443.8285, 608.4997, 767.3453(A"), 852.5839 (A') [d]
	202.3552, 362.8673, 458.6410, 633.9687, 813.0905(A"), 872.6152(A') [e]
SF$_4$	197.2198 (A$_1$), 316.2813 (B$_1$), 418.7065 (A$_2$), 473.9078 (B$_2$), 480.3578 (A$_1$), 529.5340 (A$_1$), 719.0347 (B$_2$), 792.5505 (B$_1$), 821.9294 (A$_1$) [a]
	228.0 (A$_1$), 353.0 (B$_1$), 412.0 (A$_2$), 475.0 (B$_2$), 532.0 (A$_1$), 558.0 (A$_1$), 729.7 (B$_2$), 864.6 (B$_1$), 891.6 (A$_1$) [b]
	188.7044 (A$_1$), 330.3466 (B$_1$), 435.5932 (A$_2$), 487.0353 (B$_2$), 495.9145 (A$_1$), 584.7174 (A$_1$), 807.7561 (B$_2$), 851.8765 (B$_1$), 867.3328(A$_1$) [c]
	191.4323 (A$_1$), 336.4765 (B$_1$), 442.6127 (A$_2$), 494.8145 (B$_2$), 503.7374 (A$_1$), 594.3747 (A$_1$), 821.6210 (B$_2$), 867.8927 (B$_1$), 881.9409(A$_1$) [d]
	198.9153 (A$_1$), 347.9566 (B$_1$), 457.0236 (A$_2$), 512.4300 (B$_2$), 519.0382 (A$_1$), 609.1497 (A$_1$), 841.3556 (B$_2$), 890.6047 (B$_1$), 902.9757(A$_1$) [e]
SF$_5$	201.3087 (B$_2$), 310.3037 (E), 310.3037 (E), 402.3225 (B$_1$), 454.7453 (E), 454.7453 (E), 471.6616 (A$_1$), 533.0219 (B$_2$), 567.7217 (A$_1$), 739.3903 (E), 739.3903 (E), 831.0040 (A$_1$) [a]
	387.2 (E), 524.7 (E), 553.8 (A$_1$), 633.0 (A$_1$), 817.8 (E), 891.7 (A1) [b]

粒子/过渡态	振动频率/cm^{-1}
SF$_5$	205.8517 (B$_2$), 318.0324 (E), 318.0324 (E), 415.1431 (B$_1$), 465.8021 (E), 465.8021 (E), 485.5852 (A$_1$), 589.6173 (B$_2$), 621.3141 (A$_1$), 831.5761 (E), 831.5761 (E), 878.8500 (A$_1$) ^{c}
	211.3562 (B$_2$), 325.3454 (E), 325.3454 (E), 423.2332 (B1), 476.3922 (E), 476.3922 (E), 498.9276 (A$_1$), 603.3751 (B$_2$), 635.7394 (A$_1$), 856.5520 (E), 856.5520 (E), 893.2687 (A$_1$) ^{d}
	227.2558 (B$_2$), 345.0286 (E), 345.0286 (E), 447.2470 (B$_1$), 502.2440 (E), 502.2440 (E), 532.8302 (A$_1$), 639.5974 (B$_2$), 683.8087 (A$_1$), 910.0227 (E), 930.1671 (E), 930.1671 (A$_1$) ^{e}
SF$_6$	316.5112 (T$_{2U}$), 316.5112 (T$_{2U}$), 316.5112 (T$_{2U}$), 473.1669 (T$_{2G}$), 473.1669 (T$_{2G}$), 473.1669 (T$_{2G}$), 560.3807 (T$_{1U}$), 560.3807 (T$_{1U}$), 560.3807 (T$_{1U}$), 600.6054 (E$_G$), 600.6054 (E$_G$), 690.9094 (A$_{1G}$), 892.7040 (T$_{1U}$), 892.7040 (T$_{1U}$), 892.7040 (T$_{1U}$) ^{a}
	347.0 (T$_{2U}$), 525.0 (T$_{2G}$), 615.5 (T$_{1U}$), 641.7 (E$_G$), 773.5 (A$_{1G}$), 947.5 (T$_{1U}$) ^{b}
	315.2458 (T$_{2U}$), 315.2458 (T$_{2U}$), 315.2458 (T$_{2U}$), 473.4521 (T$_{2G}$), 473.4521 (T$_{2G}$), 473.4521 (T$_{2G}$), 557.4475 (T$_{1U}$), 557.4475 (T$_{1U}$), 557.4475 (T$_{1U}$), 647.6478 (E$_G$), 647.6478 (E$_G$), 730.3051 (A$_{1G}$), 964.2468 (T$_{1U}$), 964.2468 (T$_{1U}$), 964.2468 (T$_{1U}$) ^{c}
	319.8638 (T$_{2U}$), 319.8638 (T$_{2U}$), 319.8638 (T$_{2U}$), 479.5925 (T$_{2G}$), 479.5925 (T$_{2G}$), 479.5925 (T$_{2G}$), 565.2370 (T$_{1U}$), 565.2370 (T$_{1U}$), 565.2370 (T$_{1U}$), 658.5400 (E$_G$), 658.5400 (E$_G$), 744.5824 (A$_{1G}$), 982.0688 (T$_{1U}$), 982.0688 (T$_{1U}$), 982.0688 (T$_{1U}$) ^{d}
	327.1040 (T$_{2U}$), 327.1040 (T$_{2U}$), 327.1040 (T$_{2U}$), 489.3143 (T$_{2G}$), 489.3143 (T$_{2G}$), 489.3143 (T$_{2G}$), 575.4804 (T$_{1U}$), 575.4804 (T$_{1U}$), 575.4804 (T$_{1U}$), 669.8065 (E$_G$), 669.8065 (E$_G$), 755.7064 (A$_{1G}$), 997.5630 (T$_{1U}$), 997.5630 (T$_{1U}$), 997.5630 (T$_{1U}$) ^{e}
TS1 ^{a}	139.6481i, 75.7141, 93.1797, 115.4489, 195.2746, 220.3109, 392.8575, 417.8537, 445.3432, 454.4020, 458.6683, 540.7023, 693.4239, 761.5574, 777.8328
TS2 ^{a}	134.0320i, 62.4054, 82.3479, 100.8206, 187.7755, 241.7953, 319.7172, 368.2289, 398.3146, 461.5872, 485.9928, 552.8077, 720.9166, 769.3192, 811.7436
TS3 ^{a}	258.9913i, 94.9163, 152.5754, 190.0466, 235.3846, 348.3715, 499.4141, 542.7410, 724.3757
TS4 ^{a}	101.5252i, 84.4548, 114.9041, 128.7976, 218.8378, 326.5935, 548.4540, 711.0507, 759.9551
TS5 ^{a}	240.9409i, 91.8677, 92.6498, 186.2970, 290.3297, 313.2840, 476.2879, 601.8175, 658.8461
TS6 ^{a}	104.2455i, 62.9962, 87.4819, 130.4387, 166.8040, 326.0590, 584.1545, 624.5788, 741.0768
TS7 ^{a}	184.3344i, 64.7604, 84.5565, 97.4071, 210.5008, 227.6078, 271.2120, 378.2656, 393.4438, 531.2863, 698.8590, 781.6202
TS8 ^{a}	134.8739i, 51.1442, 93.9645, 109.5022, 192.5586, 207.2973, 287.0561, 381.1877, 446.6543, 477.7441, 718.2461, 749.6965
TS9 ^{a}	184.1612i, 64.6039, 81.5192, 110.2401, 214.1508, 246.7364, 306.2904, 385.8352, 419.2441, 476.4297, 714.1595, 794.2234
TS10 ^{a}	94.3923i, 40.1426, 61.8612, 79.4209, 607.3086, 787.3825
TS11 ^{a}	263.7011i, 39.3677, 105.2294, 351.6182, 377.3125, 575.8469
TS12 ^{a}	155.5890i, 378.6918, 531.8948
IM1 ^{a}	26.0144, 74.1259, 162.2165, 182.0290, 203.8719, 283.8070, 366.8198, 368.7299, 456.3090, 456.7205, 478.2359, 505.0531, 652.9127, 683.9535, 742.1652
IM2 ^{a}	76.1016, 125.4832, 146.1604, 195.4306, 229.9552, 296.8562, 323.1874, 368.2811, 410.4212, 428.1337, 432.3574, 476.0306, 701.8913, 714.7169, 790.4230
IM3 ^{a}	58.4660, 126.5431, 202.6043, 225.7471, 248.7273, 352.6788, 500.4174, 608.7407, 694.2061
IM4 ^{a}	33.2089, 42.9434, 98.5501, 103.0087, 231.6053, 346.8801, 590.2393, 625.6028, 787.4306
IM5 ^{a}	88.5293, 106.9554, 174.6007, 206.9800, 274.1881, 341.2494, 466.8768, 671.6673, 746.9417

粒子/过渡态	振动频率/cm^{-1}
IM6[a]	90.2203, 92.9579, 193.1167, 198.8676, 323.8607, 334.4270, 657.1392, 743.5250, 751.7021
IM7[a]	62.8490, 127.6849, 200.4400, 227.8041, 246.3164, 352.9741, 502.6757, 609.5649, 694.8885
IM8[a]	42.5414, 53.5466, 135.0571, 145.1042, 205.4028, 388.4519, 609.9935, 652.3460, 754.9204
IM9[a]	65.3899, 111.4076, 143.8982, 178.5251, 256.0244, 271.8634, 366.8039, 386.3710, 402.0217, 442.9107, 695.8816, 787.5535
IM10[a]	69.9720, 99.2858, 147.6014, 152.7416, 226.5610, 280.6418, 325.2822, 389.3779, 393.0860, 434.6707, 690.1680, 721.6669
IM11[a]	79.6733, 90.4574, 146.8751, 169.2602, 220.0835, 246.9035, 289.5747, 359.9964, 513.2527, 692.5754, 737.7547, 779.4695
IM12[a]	73.0892, 81.9685, 140.0069, 160.1889, 207.7544, 250.1932, 287.8877, 359.6123, 503.9305, 686.5723, 733.6462, 776.3567
IM13[a]	69.2045, 104.8385, 144.1527, 179.5289, 251.6956, 268.3692, 360.6518, 384.5601, 401.4065, 434.6185, 694.1793, 783.6472
IM14[a]	71.5789, 141.6790, 178.7646, 232.9218, 512.1429, 636.8384
IM15[a]	105.1928, 127.6147, 186.3543, 276.5805, 599.7267, 659.8553
IM16[a]	104.7326, 123.9479, 250.7164, 327.1219, 463.4863, 630.5762
IM17[a]	78.9841, 104.5908, 206.7349, 349.1962, 659.0257, 743.0801

a B3LYP/6-311G 方法。

b NIST CCCBDB 实验结果。

c B3LYP/6-31G* 方法。

d B3PW91/6-31G* 方法。

e MP2/6-31G* 方法。

(3) SF$_6$ + PTFE 分解路径中反应物、生成物、中间体和过渡态的振动频率如表 S3 所示。

表 S3　SF$_6$ + PTFE 分解路径中反应物、生成物、中间体和过渡态的振动频率

粒子/过渡态	振动频率/cm^{-1}
CF	1295.8
CF$_2$	670.6, 1109.1, 1231.2
CF$_3$	504.3, 505.1, 693.0, 1077.4, 1241.0, 1241.6
SC	1301.3
S=CF	462.4, 939.7, 1314.3
SCF$_2$	418.9, 526.4, 624.6, 793.4, 1204.6, 1356.8
SF$_2$CF	96.0, 146.3, 342.7, 403.8, 460.3, 537.4, 620.3, 663.8, 1317.9
SF$_2$CF$_2$	120.2, 250.7, 281.1, 333.4, 423.1, 491.3, 521.0, 569.0, 622.7, 783.2, 1385.9, 1390.8
SFCF	137.4, 480.1, 492.4, 566.1, 791.1, 1459.4
SFCF$_2$	103.0, 163.9, 361.9, 380.1, 463.2, 490.3, 719.3, 1244.3, 1305.8

粒子/过渡态	振动频率/cm^{-1}
SF	781.4
SF$_2$	318.1, 759.2, 784.3
SF$_3$	150.9, 327.0, 420.8, 544.3, 666.2, 787.3
SF$_4$	196.7, 316.5, 419.1, 474.0, 480.7, 530.4, 720.3, 792.9, 822.3
SF$_5$	201.2, 310.4, 310.4, 402.5, 454.7, 454.7, 471.6, 533.3, 568.0, 739.8, 739.8, 830.1
SF$_6$	316.5, 316.5, 316.5, 473.2, 473.2, 473.2, 560.4, 560.4, 560.4, 600.6, 600.6, 690.9, 892.7, 892.7, 892.7
IM1	96.1, 146.3, 342.5, 403.6, 460.2, 536.9, 620.0, 663.9, 1317.9
IM2	120.2, 250.7, 281.1, 333.3, 423.0, 491.2, 521.0, 569.0, 622.6, 783.2, 1386.0, 1391.1
IM3	142.2, 210.3, 289.2, 349.1, 355.6, 447.7, 467.8, 575.0, 670.9, 726.5, 758.2, 1111.5
IM4	107.9, 197.2, 237.1, 294.9, 353.3, 423.5, 467.6, 525.8, 564.8, 794.2, 862.1, 1431.7
IM5	61.2, 270.0, 284.7, 307.9, 388.3, 404.0, 476.7, 494.1, 514.3, 554.0, 587.6, 617.5, 786.0, 788.4, 880.8
IM6	23.2, 150.9, 206.7, 263.1, 313.7, 318.4, 361.2, 405.7, 473.6, 494.6, 537.3, 550.2, 553.1, 633.7, 764.1, 791.7, 851.0, 1336.1
TS1	193.9i, 100.5, 251.5, 613.4, 862.1, 1285.3
TS2	175.7i, 228.5, 1214.4
TS3	546.0i, 287.4, 409.5, 520.2, 678.0, 1165.4
TS4	232.8i, 108.2, 161.9, 309.0, 325.5, 487.7, 634.7, 673.0, 1367.0
TS5	804.0i, 63.9, 90.8, 314.2, 399.4, 523.3, 629.1, 1086.3, 1187.8
TS6	293.7i, 92.6, 169.4, 182.9, 344.1, 348.1, 437.1, 619.5, 702.6, 735.1, 1096.0, 1127.0
TS7	222.8i, 244.6, 291.2, 354.7, 372.8, 471.7, 554.5, 652.3, 672.0
TS8	232.8i, 108.2, 161.8, 309.0, 325.5, 487.7, 634.7, 673.0, 1367.0
TS9	324.3i, 161.6, 181.5, 243.9, 315.7, 347.7, 454.5, 466.2, 570.9, 628.5, 678.7, 1244.6
TS10	115.2i, 165.6, 212.1, 304.8, 379.9, 435.1, 456.6, 499.5, 602.1, 701.2, 820.0, 1256.0
TS11	199.5i, 219.5, 251.8, 291.2, 322.5, 394.4, 457.7, 565.5, 663.5, 690.7, 781.4, 1139.5
TS12	15.7i, 35.5, 235.3, 273.2, 298.4, 406.5, 413.1, 541.1, 649.4, 708.7, 751.1, 1153.8
TS13	564.7i, 33.9, 46.3, 98.4, 157.4, 236.8, 293.6, 336.0, 381.0, 444.8, 464.3, 525.3, 699.1, 771.6, 1290.7
TS14	357.9i, 38.8, 86.6, 141.5, 164.4, 204.1, 237.2, 263.2, 289.4, 355.6, 464.0, 544.1, 595.3, 643.2, 657.2, 657.9, 1198.5, 1295.1
TS15	93.5i, 250.5, 281.0, 299.3, 368.1, 410.4, 453.8, 489.6, 516.3, 549.2, 574.4, 617.9, 782.2, 789.4, 880.7
TS16	231.0i, 167.2, 177.6, 234.3, 263.1, 305.5, 327.3, 386.4, 397.9, 486.7, 503.4, 526.6, 544.5, 594.2, 756.5, 762.6, 832.5, 1320.4
TS17	332.3i, 21.8, 36.8, 44.6, 117.4, 134.6, 213.4, 276.9, 295.4, 365.7, 379.9, 425.5, 452.5, 476.9, 521.6, 658.3, 708.2, 711.6, 794.8, 1173.5, 1186.0

(4) C_4F_7N 分解路径中反应物、生成物、中间体和过渡态的振动频率如表 S4 所示。

表 S4 C_4F_7N 分解路径中反应物、生成物、中间体和过渡态的振动频率

粒子/过渡态	振动频率/cm^{-1}
C_4F_7N	28.8046, 75.9354, 128.2474, 148.7307, 169.9890, 243.4738, 248.9943, 291.4752, 316.5191, 336.8798, 424.9226, 438.2259, 460.9059, 532.8066, 550.1523, 568.0092, 574.4386, 646.8708, 726.2985, 762.0461, 985.0678, 1074.9930, 1152.1824, 1179.6713, 1202.5756, 1243.3015, 1247.9304, 1251.8605, 1303.5629, 2378.9679
CF_3CFCF_2CN	15.1220, 31.0180, 93.8904, 163.6092, 188.9116, 192.9133, 256.6132, 316.7587, 345.6796, 376.0286, 462.6559, 482.3919, 509.2736, 568.9104, 605.0542, 624.9206, 669.9230, 738.6548, 940.0782, 1106.6066, 1123.1917, 1136.2378, 1171.9690, 1213.9990, 1322.2703, 1390.0274, 2361.7523
$(CF_3)_2CCN$	26.7494, 31.8538, 126.3829, 141.7637, 145.7503, 289.2856, 307.1927, 326.8583, 391.8549, 434.8076, 486.9917, 493.8608, 539.6622, 541.4139, 583.0562, 670.2682, 713.6154, 58.7631, 983.1493, 1133.7366, 1158.1359, 1160.6928, 1178.9492, 1236.3297, 1303.3675, 1362.1114, 2144.0039
$CF_2CFCNCF_3$	36.3465, 65.4881, 130.9020, 144.5263, 165.6239, 223.8909, 243.1288, 302.4639, 333.7453, 385.7598, 453.7109, 470.0950, 545.4466, 554.2856, 575.4344, 610.6975, 712.8244, 755.2517, 989.0333, 1010.6422, 1115.0655, 1209.8669, 1217.7258, 1263.6301, 1299.9031, 1339.0251, 2379.1501
C_2F_4CN	24.5557, 143.4308, 153.5121, 245.8580, 379.7891, 397.9759, 445.3698, 466.8383, 567.6684, 581.4435, 647.9462, 761.6638, 1082.1379, 1150.3007, 1211.1308, 1352.5656, 1363.7691, 2177.9383,
CF_2CFCN	141.7865, 143.4719, 261.4411, 311.0230, 456.5124, 511.7105, 527.4129, 608.4511, 647.6149, 740.4954, 1138.6482, 1273.8506, 1360.1336, 1793.5012, 2344.4464
CF_2CF_2CN	54.0323, 132.3599, 195.0073, 209.5186, 257.9402, 393.9478, 465.4470, 488.8139, 562.6922, 609.4461, 656.4632, 769.3756, 1037.7332, 1096.6381, 1177.4344, 1278.1602, 1351.1490, 2381.5488
CF_3CCN	58.7964, 141.1797, 291.0418, 321.4613, 399.1824, 479.7058, 534.1954, 544.0334, 668.0977, 803.1472, 1092.2599, 1113.9006, 1190.2722, 1314.6112, 2116.4474
C_3F_7	25.8566, 32.4151, 119.2006, 157.6974, 257.7421, 294.2518, 319.8445, 345.3498, 451.3867, 480.2275, 535.3892, 543.0614, 606.7633, 632.5081, 697.5138, 766.7379, 985.1788, 1118.4463, 1142.9472, 1173.2845, 1199.4787, 1231.7887, 1354.8624, 1412.5459
CF_2CFCF_3	30.3773, 124.3375, 177.9484, 243.7611, 256.2454, 361.1876, 368.6963, 462.8395, 509.9808, 568.5264, 597.4482, 654.6678, 662.4215, 762.4129, 1033.2200, 1156.6180, 1195.9241, 1207.0640, 1322.8149, 1386.7051, 1831.5961
C_2F_4	197.4002 (190.0*), 206.4580 (218.0*), 396.7782 (394.0*), 421.3742 (406.0*), 544.1999 (508.0*), 550.6752 (551.0*), 551.4929 (558.0*), 791.2184 (779.0*), 1181.2370 (1186.0*), 1324.7476 (1337.0*), 1327.9098 (1340.0*), 1912.2417 (1872.0*)
CF_2CN	113.8437, 199.2210, 382.2903, 486.7934, 603.8268, 791.3450, 1322.8066, 1428.9549, 2181.2576
$CFCN$	234.8013, 265.6971, 629.5910, 892.8202, 1215.1972, 2245.1738
CF_4	430.5702, 430.9410 (453.0*), 620.8303, 620.9032, 621.1960 (631.2*), 899.5327 (908.5*), 1264.8502, 1265.0116, 1265.0972 (1283.2*)
CF_3	504.0649, 505.1264 (508.7*), 692.7877 (701.0*), 1077.5987 (1089.0*), 1241.7657, 1242.3232 (1260.2*)
CF_2	670.3874 (667.0*), 1108.7226 (1114.4*), 1230.8727 (1225.1*)
FCN	481.6160, 481.6160, (451.0*), 1087.6137 (1060.1*), 2419.4844 (2317.4*)
CN	2151.8212 (2068.6*)
TS1	167.2077i, 10.8646, 20.8619, 31.0677, 45.8695, 81.7914, 84.7219, 131.0919, 151.7152, 261.8710, 376.7390, 391.8450, 446.4564, 490.3772, 513.9704, 523.6511, 530.1083, 554.7084, 624.5854, 653.6072, 685.6300, 829.5539, 921.6947, 1109.2849, 1217.3856, 1330.8521, 1353.9870, 1360.9486, 1392.4563, 2227.6282
TS2	550.3261i, 48.3091, 60.4809, 133.4823, 157.8522, 182.3265, 229.2160, 257.2785, 274.5727, 307.5100, 346.9257, 357.0677, 390.2106, 489.0706, 533.1932, 551.9348, 585.2576, 620.2017, 676.0812, 693.4511, 758.2338, 881.5076, 1030.2723, 1150.2159, 1190.0147, 1226.5972, 1282.7104, 1449.7034, 1460.1331, 2015.6988

粒子/过渡态	振动频率/cm^{-1}
TS3	294.2901i, 121.7082, 135.4132, 160.8588, 262.2242, 272.4096, 330.4406, 448.4494, 476.5751, 506.8728, 538.5346, 614.4238, 742.4111, 1146.3608, 1308.7918, 1422.6777, 1675.6538, 2346.7427
TS4	675.7023i, 172.2625, 372.5646, 606.5210, 1265.8767, 1893.2987
TS5	178.9879i, 40.2342, 119.9639, 129.8435, 133.4555, 155.9838, 181.4512, 279.6447, 323.7291, 363.8330, 390.3123, 467.5987, 501.2729, 517.6084, 549.0015, 572.2250, 628.2922, 667.3963, 754.6003, 1035.1206, 1158.0054, 1169.7118, 1242.7686, 1293.5813, 1425.0387, 1653.0009, 2349.0383
TS6	117.7523i, 27.3649, 35.0571, 43.0465, 102.0112, 145.8125, 161.2162, 175.8021, 242.4060, 261.2634, 357.4980, 368.2689, 477.8412, 502.2824, 509.8692, 600.4503, 620.4890, 662.0684, 769.2339, 1043.9365, 1166.7938, 1220.2976, 1233.2180, 1342.1023, 1409.2544, 1702.0679, 2186.4611

* NIST CCCBDB 实验结果。

(5) $C_4F_7N + O_2$ 分解路径中反应物、生成物、中间体和过渡态的振动频率如表 S5 所示。

表 S5　$C_4F_7N + O_2$ 分解路径中反应物、生成物、中间体和过渡态的振动频率

粒子/过渡态	振动频率/cm^{-1}
C_2FNO	200.6948, 282.3204, 535.8913, 611.5745, 753.4156, 827.0751, 1170.4258, 1913.2985, 2362.4097
C_2F_3O	60.5986, 234.7532, 394.5725, 410.6238, 528.2694, 538.4208, 665.1865, 777.712, 1145.5398, 1186.8645, 1206.2376, 1970.0088
C_3F_3N	141.8085, 143.5808, 261.4535, 310.9256, 456.496, 511.719, 527.4319, 608.4487, 647.5924, 740.5251, 1138.5578, 1274.0942, 1359.7788, 1793.8432, 2344.5006
C_2F_4O	43.0442, 225.8621, 236.4203, 381.3273, 421.8671, 512.4018, 585.5354, 689.6036, 764.4317, 800.9319, 1090.8635, 1183.1096, 1236.435, 1320.4779, 1955.446
C_2F_5	52.5804, 205.5798, 215.6318, 361.7971, 415.6079, 508.2595, 578.9957, 602.724, 690.6885, 811.0529, 1108.3528, 1172.4962, 1218.3455, 1271.8787, 1394.8923
C_3F_3NO	29.615, 130.6415, 193.8421, 271.6512, 302.5633, 404.9704, 427.5626, 515.108, 563.38, 669.3426, 760.6782, 771.9246, 1035.4703, 1173.0887, 1228.2443, 1304.0872, 1828.1227, 2343.6024
$C_3F_3NO_2$	37.2192, 47.4879, 124.297, 196.6186, 261.883, 341.3866, 362.9798, 371.9569, 452.3132, 519.4295, 568.6174, 630.1339, 753.6448, 781.5785, 1013.1075, 1172.5823, 1210.6604, 1306.4208, 1310.1141, 1785.1774, 1849.0255
C_3F_4O	51.2676, 139.8279, 162.0842, 234.3143, 396.9333, 432.9641, 478.0359, 481.9038, 568.8463, 591.1987, 699.5845, 763.0389, 1085.4879, 1150.7852, 1173.8171, 1337.6355, 1426.324, 2253.1501
C_3F_4N	24.96, 143.2913, 153.4038, 245.7952, 379.6484, 397.9416, 445.3369, 466.8687, 567.7039, 581.4547, 647.9329, 761.7016, 1082.0055, 1149.9018, 1211.8053, 1352.4203, 1363.942, 2178.2497
$C_2F_4O_2$	74.6876, 106.7425, 180.0009, 379.3822, 403.0294, 431.1131, 553.48, 611.3822, 671.6511, 739.3392, 774.0244, 884.1793, 1024.2853, 1157.3055, 1243.8462, 1250.5973, 1291.2475, 1952.9677
C_3F_6	30.5167, 124.217, 177.8874, 243.7695, 256.3165, 361.2421, 368.7308, 462.7899, 509.9776, 568.4645, 597.4212, 654.7166, 662.4075, 762.3982, 1033.3519, 1156.4036, 1195.3778, 1206.9766, 1323.4434, 1387.161, 1831.615

续表

粒子/过渡态	振动频率/cm⁻¹
C₃F₄NO	17.5888, 51.2037, 110.2909, 185.8896, 297.833, 356.2345, 402.9726, 415.6585, 507.2712, 542.2898, 615.8072, 639.4023, 670.5952, 803.3021, 917.4714, 1135.5375, 1218.9048, 1290.5542, 1299.9681, 1383.9622, 2186.5192
C₃F₅N	51.5703, 128.0067, 189.6653, 212.7157, 264.1382, 351.237, 396.0318, 434.1963, 482.59, 546.9106, 563.902, 623.6738, 682.334, 765.258, 1050.32, 1155.8439, 1187.8638, 1223.906, 1235.6773, 1321.1636, 2382.732
C₄F₇	19.7468, 75.9402, 150.6619, 208.1331, 223.9891, 247.8605, 298.1616, 303.5668, 327.0191, 347.2175, 444.3603, 515.78, 535.2917, 546.2529, 583.7169, 634.871, 699.0108, 767.3018, 919.6653, 1007.6091, 1080.3503, 1146.794, 1169.9172, 1206.3951, 1218.0361, 1243.1343, 1266.9504
C₃F₇O	19.3095, 38.3826, 57.3196, 135.2963, 192.6727, 225.8676, 316.1118, 342.855, 421.3287, 448.4123, 506.9227, 540.9158, 577.5558, 614.1194, 632.2992, 670.03, 726.5032, 843.8692, 892.2279, 1104.2265, 1146.0979, 1167.0032, 1208.961, 1227.3832, 1275.622, 1287.4155,1395.1025
C₃F₇O₂	33.4037, 52.4633, 71.489, 163.6116, 183.0814, 233.9598, 297.9909, 311.0822, 338.037, 369.8395, 418.6841, 470.9586, 521.3904, 541.8173, 569.8264, 605.8624, 643.1673, 672.5827, 734.9012, 768.3731, 841.5626, 944.0843, 1063.6357, 1091.2825, 1196.9253, 1203.7632, 1235.8886, 1253.2408, 1255.899, 1290.9972
C₄F₇N	27.7646, 76.0446, 128.1318, 148.7991, 170.2497, 243.3697, 248.8058, 291.3468, 316.4327, 336.7294, 424.9218, 438.2652, 460.8661, 532.7997, 550.2282, 568.0312, 574.5077, 646.8874, 726.342, 762.1117, 985.0744, 1075.1172, 1152.4128, 1179.7926, 1202.7835, 1243.7582, 1247.8532, 1251.5488, 1303.5713, 2378.9874
C₄F₇O	46.0484, 49.1582, 75.85, 138.1012, 191.9906, 201.5167, 226.1686, 297.0915, 324.7528, 346.9089, 416.3987, 437.3874, 502.3153, 541.1691, 576.1408, 596.5786, 611.0889, 652.7495, 715.7872, 780.3271, 858.8862, 1041.6552, 1070.0581, 1111.0294, 1188.051, 1211.0098, 1222.562, 1235.249, 1278.4941, 1312.4705
C₄F₆NO	28.1536, 73.2839, 92.0401, 144.237, 180.8252, 189.4193, 224.4585, 257.7048, 340.4502, 360.8717, 420.9305, 447.6687, 470.4186, 545.8886, 588.4685, 618.4025, 634.8561, 660.49, 737.8165, 815.6645, 889.2113, 916.9213, 1093.1488, 1149.4616, 1211.0262, 1222.1335, 1246.5076, 1287.0675, 1428.9642, 1793.7726
C₄F₇NO	30.1391, 54.9108, 83.093, 123.0802, 131.1003, 184.6931, 208.0693, 257.9732, 309.4504, 338.9163, 395.1123, 400.2855, 445.02, 497.35, 547.9063, 548.0665, 562.4224, 612.4142, 634.2921, 674.1792, 747.7779, 788.172, 889.2977, 1053.1913, 1099.9505, 1170.7495, 1195.816, 1222.9857, 1227.8601, 1237.9583, 1274.6304, 1315.192, 2377.5578
TS1	526.3393i, 35.6313, 47.2493, 74.5998, 111.3977, 167.2466, 183.4853, 232.7276, 265.0491, 297.9563, 356.0429, 364.1322, 379.2903, 411.0132, 427.2898, 491.8908, 539.7684, 574.5298, 607.4254, 614.8874, 629.9327, 674.8425, 755.0866, 806.5752, 966.0875, 1068.3031, 1171.728, 1195.7563, 1235.8089, 1275.3921, 1298.5233, 1485.9555, 2330.0401
TS2	480.5246i, 42.9002, 49.7790, 59.6989, 117.7230, 145.2512, 208.9788, 218.6341, 233.8182, 295.9888, 300.2482, 344.0719, 387.3075, 391.8797, 434.8605, 457.9870, 535.5177, 559.1839, 567.3487, 582.5292, 651.7246, 665.2019, 728.1197, 796.9574, 950.2069, 1033.2517, 1188.3317, 1211.2192, 1281.9681, 1377.1858, 1489.7089, 1510.7774, 2356.9378
CN	2151.9445
CO	2220.5907
CFO	631.6403, 1028.3805, 1927.5784
CNO	504.6434, 586.2802, 1298.6713, 1999.3283

粒子/过渡态	振动频率/cm^{-1}
CF_2	670.0496, 1107.5762, 1230.0403
CFN	480.7710, 480.7710, 1089.0044, 2421.2655
CF_2O	578.9058, 619.3168, 774.8805, 964.1861, 1229.8008, 1991.1759
CF_3	503.9097, 505.0682, 692.6753, 1077.2078, 1241.8963, 1242.357
C_2FO	283.2445, 363.9465, 566.8538, 862.7051, 1396.0902, 2071.3339
CF_4	430.5795, 430.8562, 620.7843, 621.1589, 621.2488, 899.4672, 1263.6913, 1263.8707, 1266.6105

(6) $C_4F_7N + N_2$ 分解路径中反应物、生成物、中间体和过渡态的振动频率如表 S6 所示。

表 S6　$C_4F_7N + N_2$ 分解路径中反应物、生成物、中间体和过渡态的振动频率

粒子/过渡态	振动频率/cm^{-1}
CN	2151.7238
NF	1201.2727
CN_2	1008.835, 1136.8796, 1615.1434
CFN	479.7719, 1091.1126, 2423.3062
C_2N	262.5767, 1086.8866, 2026.7164
CF_3	504.0164, 505.2285, 692.7308, 1077.4047, 1240.8037, 1242.5164
CF_2N	496.3413, 544.8918, 675.9476, 959.6582, 1243.0843, 1798.7994
CF_3N	281.0459, 322.6832, 537.1063, 564.9434, 596.7825, 884.6621, 969.2313, 1166.6748, 1378.4914
C_2F_3	208.8125, 254.7348, 482.1612, 499.5544, 614.9186, 914.2338, 1220.4896, 1279.3244, 1848.0196
C_2F_2N	116.1319, 199.4629, 382.5873, 486.8526, 603.7984, 791.2981, 1322.2145, 1428.7673, 2181.09
C_2F_3N (C≡NCF_3)	148.4054, 148.6861, 442.6227, 442.9493, 554.7558, 617.0131, 617.403, 833.9616, 1199.3047, 1221.3164, 1221.3418, 2200.0423
C_3F_2N	57.9191, 145.6693, 421.4435, 470.1764, 530.5005, 546.5044, 613.1736, 742.8638, 1210.6156, 1252.7113, 1890.3746, 2091.6275
C_2FN_3	113.0134, 235.2331, 309.1711, 371.9536, 486.1313, 558.8796, 644.0516, 891.3161, 1073.83, 1417.6811, 2039.821, 2301.5244
C_2F_3N(N≡CCF_3)	194.5479, 195.1333, 466.1423, 466.9827, 519.786, 628.1566, 628.5496, 806.4469, 1191.9672, 1195.1613, 1228.5178, 2388.2996
C_2F_4N(FC=N—CF_3)	47.7424, 175.6629, 217.6603, 407.6888, 442.8661, 443.3769, 596.4985, 614.386, 710.7125, 901.1127, 1140.5723, 1193.9748, 1209.987, 1292.0092, 1810.115
$C_3F_2N_2$	80.8564, 112.1587, 203.0214, 340.9435, 456.7102, 482.0614, 497.8268, 580.645, 593.019, 798.5963, 979.1196, 1314.5123, 1495.2834, 2000.3564, 2257.9906

粒子/过渡态	振动频率/cm⁻¹
C₃F₃N(F₃C—C≡C—N)	58.9935, 141.235, 291.0735, 321.6461, 399.2675, 479.7715, 534.1827, 544.0327, 668.1373, 803.1385, 1092.0947, 1113.5742, 1190.4374, 1314.6648, 2116.3663
C₂F₄N(F₃C—C(F)=N)	54.2885, 216.546, 236.1122, 362.561, 412.9756, 504.7733, 578.8754, 630.8689, 701.9397, 797.7553, 1092.4861, 1179.8003, 1224.4716, 1283.3264, 1758.8758
C₃F₃N(F₂C—C(F)—C≡N)	141.7796, 143.5311, 261.5212, 311.01, 456.5062, 511.7254, 527.4136, 608.4306, 647.6059, 740.5185, 1138.6002, 1273.8126, 1360.068, 1793.8123, 2344.4769
C₃F₄N	24.3335, 143.4126, 153.4262, 245.8152, 379.8056, 397.9495, 445.3487, 466.896, 567.7119, 581.4768, 647.9747, 761.7524, 1082.1913, 1150.5321, 1211.3964, 1352.4843, 1363.6814, 2177.8884
C₃F₃N₂	48.6554, 103.0305, 139.0546, 255.99, 369.7157, 403.8557, 496.4062, 502.7871, 560.2378, 586.5858, 687.2723, 837.4667, 1022.7644, 1179.262, 1192.3997, 1213.4231, 1874.6524, 2319.0837
C₃F₅N	19.9041, 90.7447, 96.4307, 156.8939, 318.4644, 350.1606, 455.163, 486.0421, 507.043, 567.0662, 577.3529, 603.9411, 660.3716, 804.7639, 899.373, 1150.9166, 1172.2245, 1224.7891, 1321.5149, 1476.2722, 2006.9006
C₃F₄N₂	39.2837, 119.8379, 120.1415, 232.961, 273.4159, 337.7719, 405.5668, 496.448, 499.0599, 579.2824, 581.0342, 733.7721, 734.3047, 844.7807, 1025.4732, 1156.1267, 1177.6894, 1242.4946, 1348.6715, 1802.514, 2332.0611
C₃F₆	30.2763, 124.3256, 178.0062, 243.7775, 256.2565, 361.1988, 368.696, 462.8731, 509.9553, 568.5341, 597.4165, 654.6611, 662.4357, 762.4168, 1033.2693, 1156.8571, 1195.6761, 1206.9873, 1322.8509, 1386.6692, 1831.8932
C₃F₄N₃(N=C(=N)—N=C(F)—CF₃)	36.5629, 86.8459, 100.5476, 102.0301, 218.9991, 257.786, 317.8874, 403.0672, 488.4781, 529.4909, 560.0721, 578.7744, 667.722, 726.6938, 743.7078, 819.269, 968.1111, 1059.4681, 1136.8021, 1180.9797, 1240.8511, 1342.9447, 1752.9569, 1851.9326
C₃F₇	25.9352, 32.4459, 119.1742, 157.6536, 257.7729, 294.2606, 319.8556, 345.3579, 451.3748, 480.186, 535.3934, 543.0533, 606.7509, 632.4284, 697.508, 766.7246, 985.1657, 1118.4127, 1142.8962, 1173.2562, 1199.4602, 1231.7563, 1354.9063, 1412.5805
C₃F₆N(F₃C—C(=N)—CF₃)	30.0874, 59.5511, 149.6685, 197.6025, 278.181, 285.8964, 318.6746, 345.6597, 477.717, 497.8743, 534.8752, 541.7091, 627.1959, 695.3564, 736.5763, 772.9444, 933.3894, 1150.9951, 1167.4864, 1208.3441, 1220.8341, 1227.0764, 1249.3248, 1744.5865
C₃F₆N(F₃C—C=N—CF₃)	19.3344, 41.7725, 103.5078, 198.8764, 217.0119, 320.2556, 395.8018, 479.0435, 484.0302, 502.4899, 561.26, 604.4187, 613.1078, 656.9336, 675.0141, 791.0483, 844.2636, 1121.7799, 1166.9303, 1191.327, 1193.6913, 1213.2898, 1225.0828, 1976.5256
C₃F₄N₃(F₃C—C(F)—N(N)—C≡N)	51.5408, 73.368, 125.0033, 180.5534, 202.4975, 267.7023, 301.4688, 366.8564, 398.9901, 432.5419, 496.5846, 568.4604, 577.8771, 631.2769, 704.2002, 739.753, 900.3538, 1119.1305, 1169.3686, 1199.6382, 1214.1495, 1275.9885, 1362.3904, 2340.3482
C₃F₇N	8.7549, 76.0455, 132.2911, 152.3365, 220.4735, 236.3466, 317.8457, 357.6314, 446.4372, 461.9922, 484.1133, 509.9727, 576.9974, 615.7099, 649.9296, 708.425, 731.7016, 779.6892, 921.6321, 1132.8508, 1176.164, 1190.8448, 1192.2363, 1235.8835, 1249.7567, 1333.5387, 1840.9168
C₄F₅N₂	119.825, 120.1347, 149.5309, 231.5327, 277.7268, 347.1894, 381.9368, 436.8203, 497.9431, 509.2479, 553.2327, 605.6844, 623.4862, 662.3394, 731.6613, 789.6902, 935.654, 1101.435, 1157.8273, 1207.0791, 1306.5311, 1319.3152, 1363.1301, 1709.8628, 2213.6142

续表

粒子/过渡态	振动频率/cm^{-1}
$C_4F_6N_2$	98.7139, 118.9294, 138.6658, 211.1372, 238.1638, 288.782, 345.5959, 365.5392, 424.6301, 440.7787, 485.1731, 551.9562, 562.623, 601.9687, 659.4992, 716.1487, 730.5793, 763.3757, 948.8734, 1042.7009, 1132.1777, 1194.7759, 1201.8597, 1236.8292, 1272.0168, 1311.1539, 1855.8269, 2370.7813
C_4F_7N	27.7646, 76.0446, 128.1318, 148.7991, 170.2497, 243.3697, 248.8058, 291.3468, 316.4327, 336.7294, 424.9218, 438.2652, 460.8661, 532.7997, 550.2282, 568.0312, 574.5077, 646.8874, 726.342, 762.1117, 985.0744, 1075.1172, 1152.4128, 1179.7926, 1202.7835, 1243.7582, 1247.8532, 1251.5488, 1303.5713, 2378.9874
$C_4F_7N_2(F_3C{-}N{=}$ $(F)C(C{=}N){-}CF_3)$	33.7884, 42.1425, 73.6373, 121.1147, 146.3736, 182.2603, 205.3903, 254.3576, 299.9971, 321.4832, 389.1527, 394.9304, 436.4984, 439.8753, 532.3068, 547.3198, 559.5616, 570.4664, 619.1458, 686.1853, 714.747, 759.248, 872.6934, 984.6076, 1097.6448, 1126.3952, 1154.8564, 1198.3201, 1214.941, 1233.6473, 1239.909, 1259.5452, 2371.9932
$C_4F_7N_2(F_3C{-}$ $(F)C((N)C({=}N)){-}CF_3)$	30.8478, 60.6705, 72.1769, 115.0043, 140.8293, 167.965, 244.0457, 244.0965, 294.7629, 314.3399, 336.0174, 372.8911, 394.0623, 499.6059, 504.7738, 533.4358, 552.3559, 574.3575, 619.4027, 713.2646, 728.7748, 766.2051, 987.4776, 1004.777, 1082.6901, 1160.8261, 1176.3056, 1204.0847, 1237.3946, 1252.2296, 1254.9442, 1301.426, 1766.1114
TS1	290.885i, 24.4172, 48.0548, 101.1987, 118.242, 157.7233, 210.3635, 246.4429, 377.2736, 479.4932, 511.665, 516.0931, 540.4594, 568.0093, 633.9947, 690.7824, 804.6276, 1017.5545, 1182.9221, 1190.5938, 1210.9503, 1255.7132, 1275.0749, 2165.2672
TS2	530.0344i, 33.0747, 94.9759, 158.7383, 221.9694, 373.6033, 469.2134, 512.5254, 527.0516, 669.3172, 984.9791, 1009.5312, 1248.3557, 1262.7635, 2125.6779
TS3	155.1172i, 21.5533, 24.6046, 40.3982, 79.0952, 88.7381, 177.2463, 185.8744, 437.6906, 447.633, 506.6364, 510.7704, 557.5252, 609.9748, 620.7824, 680.6821, 833.9288, 1022.4827, 1189.0684, 1208.8881, 1221.0923, 1238.5392, 1250.5577, 2138.6646
TS4	414.0033i, 68.2729, 82.6177, 131.8645, 155.8417, 217.4375, 248.611, 330.3318, 402.3396, 452.0683, 484.2565, 543.6361, 558.8681, 577.9857, 707.3766, 722.8293, 901.5493, 950.3267, 1017.8835, 1105.3116, 1204.5688, 1224.4534, 1335.9759, 2358.5702
TS5	374.0631i, 14.1536, 102.8672, 113.7308, 214.6784, 288.6745, 485.455, 514.1651, 517.5298, 691.0186, 1021.277, 1027.4546, 1237.3903, 1275.2411, 2242.2871
TS6	313.8447i, 23.1531, 83.8333, 96.889, 241.4344, 284.7342, 391.723, 434.1635, 452.188, 486.5156, 538.7943, 586.4442, 608.6054, 672.2301, 759.7235, 901.5934, 1179.8478, 1210.7579, 1232.023, 1634.5109, 2308.3381
TS7	373.9131i, 14.2224, 102.8438, 113.7172, 214.6508, 288.6954, 485.4617, 514.1612, 517.5246, 691.0199, 1021.2866, 1027.4714, 1237.3864, 1275.2323, 2242.3292

(7) $C_4F_7N + Cu$ 分解路径中过渡态的振动频率如表 S7 所示。

表 S7　$C_4F_7N + Cu$ 分解路径中过渡态的振动频率

过渡态	振动频率/cm^{-1}
TS_{a1}	375.9421i, 25.5217, 42.5830, 64.0457, 72.8707, 87.7160, 120.6972, 175.8493, 194.2646, 221.5112, 250.4076, 289.7059, 305.4107, 325.1956, 347.1889, 437.0007, 457.3712, 512.7463, 526.9372, 551.2656, 605.4469, 683.1156, 692.9311, 771.2945, 970.5378, 1105.0218, 1145.4962, 1147.1837, 1158.0265, 1232.8197, 1308.0719, 1325.9478, 2058.4494

过渡态	振动频率/cm⁻¹
TS$_{a2}$	165.9038i, 27.9231, 59.8054, 105.9170, 109.3704, 121.4036, 174.2140, 264.8304, 268.8839, 304.2962, 333.1570, 469.1884, 529.4902, 531.9432, 532.2187, 537.2580, 667.3339, 671.8214, 731.7766, 905.6279, 929.7188, 1097.9339, 1149.6145, 1150.4058, 1202.8023, 1251.1795, 1289.9539
TS$_{a3}$	286.5493i, 27.4972, 70.5155, 81.4050, 137.5152, 147.6661, 166.6493, 220.8651, 257.5012, 269.0487, 352.9189, 369.6319, 393.1130, 487.5922, 506.8702, 562.9834, 596.7975, 647.6039, 686.0366, 756.7534, 1016.6098, 1131.3269, 1150.5472, 1172.7698, 1306.8524, 1390.4657, 1560.0745
TS$_{a4}$	233.1694i, 23.2718, 58.1355, 66.5546, 97.3785, 102.7364, 125.9474, 140.2879, 249.4101, 271.5504, 317.7817, 489.1789, 498.1112, 504.9480, 509.7546, 640.6244, 663.9307, 942.9535, 975.5617, 1112.6130, 1142.4376, 1200.0206, 1284.1402, 1621.2295
TS$_{a5}$	248.1224i, 28.4351, 68.1333, 80.4209, 113.5112, 142.4005, 178.6436, 191.6796, 249.8614, 261.7527, 293.3300, 434.1812, 447.5872, 491.7845, 505.1830, 566.4235, 582.1626, 687.1707, 709.5315, 907.7667, 932.0457, 1075.3416, 1133.2867, 1143.6352, 1193.8183, 1203.1699, 1265.5402
TS$_{b1}$	198.1693i, 30.4094, 58.5564, 140.3748, 149.2408, 245.4457, 326.0936, 402.7870, 417.8461, 469.3481, 540.4147, 562.5616, 577.9216, 648.9883, 745.0240, 1043.9714, 1105.7096, 1138.6820, 1267.9867, 1356.3175, 2003.7377
TS$_{b2}$	263.5393i, 34.5312, 85.6976, 117.7130, 141.6434, 181.6753, 192.4931, 258.5797, 311.7629, 391.9388, 473.3739, 493.6813, 535.4648, 637.3272, 689.4126, 940.9776, 1038.4386, 1081.1820, 1149.7042, 1183.8531, 2272.0612
TS$_{c1}$	432.9938i, 23.4497, 44.6236, 68.0762, 70.7038, 126.8034, 161.0132, 177.2818, 186.1925, 239.9504, 255.3201, 274.1805, 323.4717, 337.3139, 360.6543, 387.7903, 415.8730, 491.0170, 513.4295, 538.6844, 562.3281, 611.7323, 651.2249, 732.8451, 832.6542, 993.5809, 1123.6379, 1189.6119, 1217.6450, 1236.5394, 1378.4750, 1383.9968, 1942.1677
TS$_{c2}$	430.1734i, 43.1594, 71.7854, 109.1672, 137.6568, 150.5671, 180.3673, 215.6815, 226.2933, 271.6988, 298.3013, 305.3004, 322.9502, 333.3957, 362.5012, 419.4803, 487.4854, 543.4349, 582.7683, 628.4040, 699.7779, 751.7243, 962.7450, 1117.2523, 1157.4619, 1187.6957, 1234.7263, 1336.3232, 1373.8912, 2090.3268
TS$_{c3}$	590.6500i, 52.8366, 95.1132, 121.8618, 143.8939, 181.6774, 255.9230, 290.9860, 314.4141, 373.8112, 538.6019, 616.2726, 631.8120, 985.3372, 1110.8492, 1171.8722, 1208.2227, 2174.3483
TS$_{c4}$	167.8002i, 28.3782, 59.8948, 85.4386, 105.9845, 134.0643, 151.0069, 165.2861, 214.5071, 237.4379, 250.6283, 312.0471, 375.3947, 398.2997, 454.8341, 472.2034, 532.4687, 545.7654, 615.4533, 649.5714, 663.7728, 769.0620, 916.8461, 1036.5012, 1141.4315, 1184.4279, 1226.6716, 1235.7765, 1310.4036, 2300.7549

(8) C$_5$F$_{10}$O 分解路径中反应物、生成物、中间体和过渡态的振动频率如表 S8 所示。

表 S8　C$_5$F$_{10}$O 分解路径中反应物、生成物、中间体和过渡态的振动频率

粒子/过渡态	振动频率/cm⁻¹
C$_5$F$_{10}$O	28.5333, 47.3615, 63.4791, 77.2681, 122.6129, 130.4536, 159.8708, 201.5634, 219.3105, 256.2177, 285.2557, 305.4280, 315.5553, 328.4589, 340.7741, 374.5210, 441.2840, 472.3407, 512.2799, 536.8240, 545.8276, 555.2929, 580.4677, 632.8616, 675.6623, 727.9838, 755.6434, 759.9460, 922.3493, 982.9317, 1039.8351, 1151.1618, 1166.7381, 1170.7014, 1197.7186, 1216.2359, 1232.7099, 1252.1276, 1254.0151, 1285.2345, 1298.8781, 1866.7759
Ia	32.4314, 57.6419, 72.5278, 129.0582, 174.6934, 201.5903, 247.7173, 301.4666, 328.6303, 362.6901, 429.3995, 437.2515, 454.8324, 518.2265, 560.3130, 578.5517, 613.0293, 719.5617, 723.6647, 753.4066, 945.4792, 1106.1957, 1146.0306, 1172.9340, 1192.4336, 1230.3673, 1260.4029, 1341.7152, 1418.3591, 1626.4231

粒子/过渡态	振动频率/cm^{-1}
Ib	25.8437, 32.3403, 119.0824, 157.6345, 257.7665, 294.2345, 319.8712, 345.3513, 451.3702, 480.2174, 535.3802, 543.0546, 606.7663, 632.4854, 697.5087, 766.7423, 985.1949, 1118.4828, 1143.0135, 1173.2059, 1199.5234, 1231.7849, 1354.8757, 1412.6772
Ic	26.3366, 74.1476, 79.0220, 149.8652, 192.3861, 232.6388, 251.6010, 275.8756, 314.9336, 332.5748, 350.0998, 374.3807, 438.8781, 533.9478, 547.5127, 560.3152, 577.7802, 690.9238, 711.5471, 757.2256, 962.8919, 965.2359, 1116.5799, 1168.7287, 1195.0579, 1229.8180, 1242.7132, 1255.7459, 1297.2584, 1965.8450
IIa	26.0168, 78.8469, 180.8108, 210.3697, 281.7901, 300.6396, 416.0489, 486.7982, 531.2776, 559.7319, 747.2706, 831.6469, 1016.4232, 1164.3225, 1202.3486, 1275.5020, 1293.4548, 1771.2499
IIIa	52.0614, 201.6393, 210.1932, 329.8390, 397.5975, 406.1144, 486.2321, 556.2807, 589.4399, 602.4870, 757.0704, 929.1429, 1045.8025, 1173.4782, 1191.6865, 1210.1753, 1334.0023, 1487.3191
IIIb	51.9958, 107.6856, 198.1866, 236.2196, 265.6323, 398.8923, 400.7403, 577.2160, 593.3477, 608.7429, 612.3891, 753.2401, 1036.9156, 1312.4133, 1390.6690, 1402.5031, 1436.2590, 1667.0230
IIIc	71.4030, 143.3056, 176.0410, 282.4762, 350.2326, 387.7114, 429.3527, 575.9196, 628.5184, 645.9756, 759.8155, 768.7484, 1025.4935, 1200.9607, 1330.6424, 1367.0274, 1763.0732, 1896.4482
IIId	128.3033, 163.8165, 208.5772, 285.3984, 368.0763, 446.0530, 533.4388, 625.7136, 652.5476, 743.0662, 1133.2212, 1241.4277, 1343.2320, 1718.0826, 1913.5951
IIIe	49.7125, 111.6108, 158.1898, 349.6358, 390.6374, 595.2693, 650.2665, 677.2203, 736.5208, 850.9819, 1017.2039, 1250.0281, 1283.8195, 1778.9319, 1838.9083
IVa	68.2088, 78.1337, 156.9058, 224.5363, 278.8808, 325.9027, 358.4614, 491.5178, 517.1830, 534.1684, 553.6018, 651.8939, 689.3687, 807.9193, 917.9903, 1059.6899, 1097.4821, 1162.8219, 1225.8552, 1272.6622, 1318.5056
IVb	32.1397, 66.0020, 144.1424, 207.8284, 218.8458, 265.2894, 321.9470, 345.4921, 378.4625, 449.6992, 527.4664, 565.1819, 604.4385, 626.5718, 723.5408, 776.0645, 1011.2589, 1091.3193, 1166.4860, 1208.5488, 1215.5439, 1282.0954, 1342.4899, 1361.0119
Va	30.9151, 124.2643, 178.0478, 243.8674, 256.3794, 361.2471, 368.6804, 462.7884, 509.8196, 568.3991, 597.2597, 654.6403, 662.4470, 762.2019, 1033.3542, 1156.6301, 1194.9117, 1206.7760, 1323.4313, 1386.8381, 1832.7148
Vb	23.2967, 95.9493, 107.4766, 317.6071, 362.9627, 419.7903, 523.6626, 577.9430, 599.2520, 633.3694, 688.8621, 808.3145, 1011.1899, 1127.1716, 1155.3529, 1253.9145, 1303.3340, 1839.3511
VIa	51.2374, 139.8779, 162.3230, 234.4244, 396.8939, 433.0313, 478.1972, 482.0203, 568.8219, 591.2250, 699.4902, 762.9910, 1085.3801, 1151.0743, 1173.7015, 1337.1939, 1426.3528, 2252.9760
VIb	22.6387, 44.8963, 65.9145, 126.1527, 171.6535, 182.3165, 293.7169, 299.2110, 323.6437, 343.7194, 369.1671, 474.6251, 535.7517, 540.3182, 545.5727, 588.2352, 688.2236, 710.9647, 740.0843, 761.1776, 984.4549, 1008.1054, 1130.9025, 1152.9579, 1170.1686, 1196.3045, 1249.4227, 1319.8982, 1339.8188, 1798.0878
VIc	39.5425, 54.5808, 70.7129, 133.7113, 140.8617, 177.4224, 234.1842, 263.8085, 315.4259, 327.6829, 352.6151, 387.7878, 476.2860, 536.5424, 550.4392, 595.0675, 668.3655, 698.7152, 735.1649, 761.7795, 998.8188, 1015.5259, 1076.5970, 1165.8769, 1200.4538, 1228.8171, 1271.0624, 1290.0235, 1330.0441, 1958.5259
VId	28.4310, 75.2189, 147.8508, 188.7804, 286.7565, 364.8558, 369.1046, 407.3803, 495.3810, 560.8168, 598.0633, 681.1829, 690.6010, 765.2120, 1020.9585, 1155.8521, 1160.3297, 1200.2269, 1334.5934, 1435.0953, 1807.8154
TS1	554.4629i, 46.3567, 164.7669, 181.6684, 304.4786, 399.4522, 407.1580, 480.6570, 540.1577, 566.2691, 610.3605, 711.2467, 790.1695, 1183.2493, 1207.0113, 1238.9836, 1363.0896, 1660.8541
TS2	342.9985i, 108.7620, 174.6404, 238.6242, 244.1805, 330.2614, 386.5170, 394.8683, 595.3322, 662.8306, 684.0831, 705.7583, 840.6830, 1008.2217, 1324.4289, 1344.0541, 1432.3784, 1806.6274
TS3	356.2027i, 78.8985, 187.0794, 198.6154, 252.9458, 289.3224, 395.4605, 425.3929, 487.5042, 551.6554, 573.1330, 715.3584, 891.9285, 1145.3238, 1200.2697, 1226.4644, 1286.6348, 1798.5794
TS4	1857.7663i, 83.5725, 142.6733, 180.9420, 295.5529, 342.4421, 399.5356, 458.8832, 582.9754, 637.5278, 668.4932, 762.4399, 784.3846, 1087.7746, 1223.9527, 1347.5801, 1389.9075, 1853.0093

粒子/过渡态	振动频率/cm^{-1}
TS5	2643.7843i, 35.3546, 87.5374, 169.4397, 207.5534, 227.5241, 289.0934, 320.4270, 347.7630, 392.4209, 457.3175, 526.6609, 573.2890, 611.4081, 657.6620, 751.4590, 889.4521, 1032.4470, 1139.4247, 1265.5209, 1289.6821, 1315.2403, 1342.5056, 1389.0058
TS6	1845.0215i, 46.0146, 114.0837, 203.4673,221.2097, 289.0014, 321.7965, 372.1164, 437.2161, 512.2481, 531.4023, 614.2598, 634.4021, 701.6524, 874.3014, 1041.9435, 1204.6414, 1264.7359, 1298.3405, 1358.0014, 1407.9011
TS7	2026.4231i, 35.3256, 55.4057, 75.0271, 135.0471, 185.5124, 220.2471, 251.7710, 301.4740, 332.0477, 384.0952, 414.4387, 425.7731, 476.7914, 527.4682, 552.4368, 584.7381, 655.3764, 701.3570, 731.6738, 760.6853, 962.6854, 1112.2095, 1158.3541, 1180.3754, 1232.4378, 1270.3133, 1360.4237, 1389.1301, 1737.3785
TS8	1865.2678i, 37.6835, 52.5267, 75.3751, 132.5444,142.0451, 186.4141, 220.0013, 245.4071, 298.9643, 317.6834, 354.3746, 397.4301, 486.4737, 538.3794,562.3784, 598.3484, 657.4542, 699.3054, 736.2130, 789.4355, 992.3711, 1016.3788, 1086.3484, 1184.4655, 1221.4014, 1235.4701, 1284.0045, 1138.3476, 1630.9579
TS9	1923.4650i, 30.3536, 72.3415, 82.0430, 150.3415, 189.3451, 241.4374, 249.3445, 287.3404, 311.3471, 335.4377, 352.0348, 385.9765, 452.0488, 521.4483, 544.9445, 562.6784, 582.3784, 692.5800, 715.6755, 754.5206, 951.8011, 998.0355, 1125.4339, 1175.5056, 1188.3482, 1215.5156, 1235.5075, 1266.3084, 1887.3520
TS10	488.7075i, 107.3897, 186.9352, 238.2254, 277.6989, 312.2560, 423.5250, 529.0006, 535.7557, 614.7779, 632.5479, 689.1292, 834.0085, 1121.3500, 1274.2878, 1357.3629, 1530.5841, 2139.3231
CO	2219.8556
COF	630.9732, 1025.5520, 1927.9561
COF—C	224.3756, 546.3443, 569.1075, 883.7283, 1423.9119, 1653.7370
CF—COF	95.5212, 266.9963, 491.0044, 533.6588, 668.8847, 776.4404, 1149.5761, 1249.8571, 1884.3921
FCCO	283.9359, 364.7082, 566.3807, 863.3764, 1396.4836, 2070.7090
CO—CF$_3$	61.0400, 234.7096, 394.7720, 410.7237, 528.3911, 538.4479, 665.2264, 778.0412, 1146.0736, 1185.7056, 1206.7837, 1969.9819
CF	1295.7946
CF$_2$	670.3874, 1108.7226, 1230.8727
CF$_3$	284.0152, 468.0223, 469.2325, 880.8364, 1419.0284, 1419.4521
C—CF$_2$	305.9086, 505.0530, 575.5023, 931.4093, 1255.4340, 1708.8408
C—CF$_3$	249.2205, 304.5052, 519.5286, 519.8252, 575.6462, 827.0109, 1099.2564, 1149.6530, 1269.0619
CF═CF$_2$	208.8286, 254.8049, 482.1563, 499.5340, 614.9243, 914.2983, 1220.5691, 1279.2962, 1847.6102
CF—CF$_3$	30.6845, 260.1855, 357.0776, 402.5333, 525.7432, 534.1432, 688.6102, 819.2863, 1160.1862, 1210.8526, 1219.0453, 1284.0530
CF$_2$═CF$_2$	197.4002, 206.4580, 396.7782, 421.3742, 544.1999, 550.6752, 551.4929, 791.2184, 1181.2370, 1324.7476, 1327.9098, 1912.2417
CF$_3$—CF$_2$	52.2076, 205.5148, 215.5694, 361.8034, 415.5829, 508.2511, 578.9584, 602.7630, 690.5305, 810.8877, 1108.2054, 1172.1938, 1218.0347, 1272.5864, 1395.1181

(9) $C_5F_{10}O + \cdot OH$ 气相分解路径中反应物、生成物、中间体和过渡态的振动频率如表 S9 所示，$C_5F_{10}O + \cdot OH$ 液相分解路径中反应物、生成物、中间体和过渡态的振动频率如表 S10 所示。

表 S9 $C_5F_{10}O + \cdot OH$ 气相分解路径中反应物、生成物、中间体和过渡态的振动频率

粒子/过渡态	振动频率/cm⁻¹
$C_5F_{10}O$	35.9826, 57.6613, 73.4465, 88.5329, 129.4394, 137.0949, 168.2707, 200.3161, 223.7514, 264.7578, 297.8025, 310.7065, 329.5830, 340.0718, 350.7122, 373.2402, 455.1111, 479.8159, 515.9087, 543.9418, 559.3213, 565.0921, 594.6444, 653.7813, 688.6324, 745.0853, 781.3709, 784.0462, 963.7743, 1032.3786, 1126.3351, 1247.5551, 1278.4512, 1289.4194, 1309.2302, 1325.625, 1339.5866, 1356.2689, 1360.1666, 1390.1175, 1398.8881, 1949.5424
$\cdot OH$	3727.1223

R1	
粒子/过渡态	振动频率/cm⁻¹
R1 过渡态	615.6192i, 50.5939, 71.9350, 78.5384, 100.4996, 135.3322, 141.6020, 154.5127, 181.2174, 196.5988, 224.1723, 275.1373, 297.8082, 327.2490, 336.1897, 344.9996, 354.2955, 391.5946, 432.5232, 435.2091, 479.4395, 491.1041, 545.2788, 548.5300, 565.1233, 579.0951, 609.5919, 635.1077, 639.2696, 701.8137, 750.0006, 776.1752, 804.6640, 953.6695, 985.3261, 1028.1585, 1129.4690, 1191.4072, 1228.7151, 1258.6980, 1304.6600, 1329.6822, 1343.2850, 1347.2870, 1385.5425, 1396.1010, 1939.9680, 3716.0032
$(CF_3)_2CFCOCF_2OH$	44.9492, 58.8776, 77.6904, 97.3687, 133.1438, 138.1937, 172.8697, 202.5708, 25.7538, 269.8182, 293.2004, 302.2129, 314.2752, 333.3483, 343.6672, 351.5870, 377.3286, 455.6717, 481.5578, 511.4000, 545.0786, 559.1802, 566.2236, 592.4420, 651.7333, 689.4008, 748.1637, 781.5330, 784.6460, 958.2353, 1027.5140, 1113.8392, 1134.5368, 1238.8057, 1266.9964, 1309.3385, 1316.7098, 1320.7449, 1349.3157, 1358.0432, 1364.7807, 1393.3372, 1407.1928, 1945.3901, 3805.7118

R2	
粒子/过渡态	振动频率/cm⁻¹
R2 过渡态	1881.3050i, 32.1732, 37.5371, 72.7255, 90.6321, 116.8589, 128.0800, 143.2379, 162.2945, 204.9700, 215.3020, 263.5572, 304.4484, 310.5500, 324.0409, 331.3418, 347.4293, 353.5440, 398.3463, 474.8299, 484.4098, 543.6864, 558.0443, 559.6191, 566.6791, 610.4572, 636.3095, 724.1162, 737.9259, 776.3824, 868.4857, 913.8477, 955.5941, 1003.6876, 1058.9442, 1147.5863, 1231.4494, 1281.3336, 1286.4763, 1294.0112, 1320.8493, 1324.8479, 1343.3612, 1362.5692, 1364.5917, 1387.2842, 1401.4263, 2025.4520
$(CF_3)_2CFCHO_2CF_3$	17.5594, 50.3397, 74.2443, 83.5146, 105.4968, 141.9059, 150.6444, 177.7613, 211.0876, 212.0355, 260.2248, 302.8868, 307.6966, 314.5302, 331.1788, 344.5167, 348.4203, 394.9667, 468.8296, 483.0337, 533.9784, 543.8226, 558.8592, 567.4230, 584.1467, 632.5640, 703.3897, 730.1404, 765.5770, 819.7749, 947.0856, 1013.5512, 1094.6063, 1167.6946, 1203.7646, 1242.8679, 1273.8143, 1280.1881, 1303.9530, 1310.9851, 1336.5810, 1347.8279, 1358.0771, 1367.0827, 1391.7842, 1415.4909, 1441.2386, 3176.3905

R3	
粒子/过渡态	振动频率/cm⁻¹
R3 过渡态	635.5567i, 42.1048, 59.3791, 82.0937, 86.5412, 118.9318, 145.0426, 154.0132, 178.9547, 201.8878, 234.8639, 271.9821, 296.0702, 298.9077, 318.1192, 335.5591, 356.7996, 379.1304, 436.6687, 456.4851, 478.2300, 493.5584, 519.1954, 548.6965, 555.0611, 573.8871, 598.4137, 636.4608, 680.0506, 693.2652, 754.8603, 775.9896, 809.4304, 929.8723, 964.7210, 1034.2339, 1110.3562, 1170.3494, 1242.0355, 1295.0710, 1307.5258, 1327.4966, 1334.4617, 1348.4205, 1377.1357, 1391.3999, 1952.0480, 3716.2450

续表

粒子/过渡态	振动频率/cm⁻¹
CF₃(CF₂OH)CFCOCF₃	44.6835, 68.7624, 82.2417, 104.8539, 134.6788, 139.7634, 178.0236, 203.5621, 230.3415, 279.9773, 297.1598, 300.4340, 316.5163, 338.0206, 361.8726, 374.6271, 386.0803, 457.3255, 483.5360, 516.7090, 549.2913, 558.3815, 563.8306, 596.7453, 651.8448, 686.8702, 747.3378, 780.6794, 784.3598, 962.9450, 1033.0267, 1125.6796, 1155.1532, 1232.5988, 1258.3348, 1299.1600, 1321.4331, 1325.3037, 1340.2528, 1358.6863, 1368.1777, 1387.3621, 1447.2760, 1943.4503, 3788.7849

R4

粒子/过渡态	振动频率/cm⁻¹
R4 过渡态	675.6616i, 60.4648, 67.3923, 79.8860, 112.4205, 126.5964, 139.2987, 181.9263, 191.9002, 205.4819, 224.5569, 285.2466, 304.3851, 311.7032, 318.5672, 355.5806, 364.1804, 382.6553, 404.6733, 457.9979, 460.8809, 480.4513, 510.6751, 524.2157, 558.7316, 583.2929, 598.6395, 652.4811, 659.2291, 707.7517, 744.2115, 779.1647, 800.0474, 939.1339, 957.8661, 1053.7432, 1121.8777, 1161.4203, 1251.8740, 1290.1520, 1309.2581, 1320.2781, 1332.8838, 1351.0755, 1371.3776, 1404.4186, 1936.4245, 3740.6727
CF₃(CF₂OH)CFCOCF₃*	26.8430, 64.9472, 74.1197, 109.7117, 129.1814, 148.9946, 176.9638, 200.8915, 225.7564, 249.2420, 261.3218, 302.3903, 319.1373, 321.4401, 338.1670, 353.9650, 387.8831, 456.7320, 487.0232, 522.6071, 547.2511, 564.6257, 579.1184, 597.2323, 650.2964, 682.7204, 736.0625, 773.4744, 782.3365, 958.6158, 1020.0634, 1115.9236, 1154.1325, 1234.1814, 1269.7850, 1289.7965, 1317.7082, 1326.4698, 1334.4980, 1355.5024, 1369.6312, 1384.5726, 1476.6867, 1935.8750, 3779.8532

R5

粒子/过渡态	振动频率/cm⁻¹
R5 过渡态	476.9244i, 37.7709, 46.5426, 92.7694, 102.6602, 143.6053, 159.6796, 179.8855, 200.9381, 209.5022, 226.9743, 257.6366, 288.1002, 301.2561, 310.1737, 320.6141, 324.2831, 339.3619, 353.6957, 373.0289, 466.8365, 478.0739, 508.6351, 540.9231, 557.7581, 570.9848, 594.9063, 622.5545, 667.8458, 740.2911, 748.3806, 786.1455, 839.3572, 963.7695,1043.7248, 1132.5696, 1228.4301, 1278.9591, 1289.2430, 1303.5749, 1336.0466, 1339.9163, 1352.3204, 1366.6742, 1384.5371, 1395.4349, 1698.8104, 3692.2094
(CF₃)₂CFCO(OH)CF₃	52.1690, 76.1267, 97.2274, 106.0170, 158.4312, 172.7400, 187.2445, 203.6136, 241.8274, 262.1680, 264.8892, 293.4204, 303.8321, 310.8186, 322.6197, 336.1991, 344.4324, 366.0265, 389.2889, 457.9828, 486.3049, 534.9033, 543.1272, 558.6159, 572.7196, 598.3749, 624.7124, 677.2687, 735.7644, 745.0582, 788.2430, 909.1391, 1012.7788, 1058.1063, 1089.3290, 1211.3605, 1225.8555, 1261.1149, 1284.9443, 1303.4352, 1321.9829, 1328.7243, 1350.0329, 1361.2122, 1374.5255, 1388.0953, 1408.1170, 3800.5561

R6

粒子/过渡态	振动频率/cm⁻¹
(CF₃)₂CFCOCF₂OH	44.9492, 58.8776, 77.6904, 97.3687, 133.1438, 138.1937, 172.8697, 202.5708, 25.7538, 269.8182, 293.2004, 302.2129, 314.2752, 333.3483, 343.6672, 351.5870, 377.3286, 455.6717, 481.5578, 511.4000, 545.0786, 559.1802, 566.2236, 592.4420, 651.7333, 689.4008, 748.1637, 781.5330, 784.6460, 958.2353, 1027.5140, 1113.8392, 1134.5368, 1238.8057, 1266.9964, 1309.3385, 1316.7098, 1320.7449, 1349.3157, 1358.0432, 1364.7807, 1393.3372, 1407.1928, 1945.3901, 3805.7118
R6 过渡态	674.0842i, 57.3130, 68.7494, 78.5411, 114.1095, 122.1325, 147.8303, 182.8919, 189.6475, 214.9021, 225.0329, 274.4631, 282.2989, 308.8044, 313.7175, 319.5027, 356.0319, 365.0400, 387.4775, 426.3029, 464.1649, 477.4279, 499.1314, 523.7889, 557.1108, 577.0177, 593.5355, 608.2636, 655.1981, 669.4636, 714.2093, 751.3353,

续表

粒子/过渡态	振动频率/cm⁻¹
R6 过渡态	784.7344, 807.8378, 949.0384, 958.4340, 1049.5749, 1113.1568, 1148.1093, 1163.6732, 1242.8934, 1281.5683, 1302.3166, 1324.4568, 1337.7407, 1353.6440, 1405.5057, 1411.7984, 1928.6749, 3729.4579, 3805.1200
CF₃(CF₂OH)CFCOCF₂OH	30.6473, 55.7158, 74.6425, 95.5036, 133.1201, 159.0717, 198.5384, 217.4153, 239.7141, 264.8027, 297.2985, 302.4088, 326.1890, 331.9984, 347.8829, 361.0668, 380.0818, 464.0459, 478.5292, 524.2075, 539.7009, 550.1100, 560.2530, 592.4608, 600.5177, 646.3693, 696.1924, 748.9622, 778.3984, 787.1512, 952.1935, 1025.3185, 1118.6800, 1158.5956, 1182.1989, 1217.5281, 1263.2869, 1283.6119, 1309.7918, 1324.4420, 1344.2347, 1359.9610, 1394.5948, 1421.9452, 1470.7504, 1932.2193, 3722.9868, 3799.7640

R7

粒子/过渡态	振动频率/cm⁻¹
(CF₃)₂CFCHO₂CF₃	17.5594, 50.3397, 74.2443, 83.5146, 105.4968, 141.9059, 150.6444, 177.7613, 211.0876, 212.0355, 260.2248, 302.8868, 307.6966, 314.5302, 331.1788, 344.5167, 348.4203, 394.9667, 468.8296, 483.0337, 533.9784, 543.8226, 558.8592, 567.4230, 584.1467, 632.5640, 703.3897, 730.1404, 765.5770, 819.7749, 947.0856, 1013.5512, 1094.6063, 1167.6946, 1203.7646, 1242.8679, 1273.8143, 1280.1881, 1303.9530, 1310.9851, 1336.5810, 1347.8279, 1358.0771, 1367.0827, 1391.7842, 1415.4909, 1441.2386, 3176.3905
R7 过渡态	573.3762i, 25.6160, 57.3099, 85.0853, 109.3385, 124.3508, 137.0458, 161.3185, 167.8402, 186.6689, 218.2124, 238.2576, 270.1486, 295.4409, 312.8894, 318.5101, 350.5722, 356.6892, 378.9302, 389.9250, 406.0686, 431.2702, 496.0882, 507.8467, 527.2403, 533.6117, 562.1425, 564.8355, 580.7446, 605.6005, 647.4248, 694.6487, 732.3318, 759.0181, 762.7742, 933.4264, 958.4932, 984.6115, 1024.7133, 1051.1977, 1182.7486, 1185.6789, 1245.6729, 1271.8996, 1282.8161, 1317.2023, 1352.2206, 1361.8601, 1365.7775, 1377.5808, 1427.1950, 1455.7976, 3187.9085, 3798.1761
CF₃(CF₂O)CFCHOCF₃	34.3825, 62.4198, 72.7667, 77.8093, 105.3823, 143.0624, 154.7205, 176.8356, 209.7216, 218.8508, 273.3865, 294.6265, 307.7416, 310.9757, 327.0411, 338.6776, 354.5521, 375.9368, 397.6118, 469.6879, 481.8081, 534.1974, 549.7072, 559.2348, 565.5604, 583.5514, 629.2035, 703.6887, 729.4794, 764.4421, 817.1892, 948.0812, 1013.3243, 1089.9425, 1139.4171, 1176.2890, 1190.7790, 1233.1634, 1252.1247, 1273.5143, 1309.2255, 1327.5393, 1334.5587, 1351.8521, 1360.4268, 1369.5157, 1409.8622, 1433.0091, 1455.3176, 3181.4874, 3793.4651

R8

粒子/过渡态	振动频率/cm⁻¹
CF₃(CF₂OH)CFCOCF₃	44.6835, 68.7624, 82.2417, 104.8539, 134.6788, 139.7634, 178.0236, 203.5621, 230.3415, 279.9773, 297.1598, 300.4340, 316.5163, 338.0206, 361.8726, 374.6271, 386.0803, 457.3255, 483.5360, 516.7090, 549.2913, 558.3815, 563.8306, 596.7453, 651.8448, 686.8702, 747.3378, 780.6794, 784.3598, 962.9450, 1033.0267, 1125.6796, 1155.1532, 1232.5988, 1258.3348, 1299.1600, 1321.4331, 1325.3037, 1340.2528, 1358.6863, 1368.1777, 1387.3621, 1447.2760, 1943.4503, 3788.7849
R8 过渡态	1134.0675i, 37.9190, 48.3555, 82.7915, 100.6196, 108.7428, 120.0103, 147.5947, 153.5470, 174.2855, 185.0446, 199.4467, 199.5527, 251.6051, 258.3803, 284.5333, 304.2188, 309.8153, 316.9932, 338.2331, 356.3126, 379.3307, 387.6276, 476.8340, 521.3793, 543.0305, 548.5939, 572.1823, 584.5041, 647.9275, 655.7120, 684.1600, 751.7442, 779.8536, 975.9259, 1032.2069, 1140.8316, 1157.8691, 1209.1916, 1246.4244, 1266.6138, 1313.7661, 1338.5190, 1341.0421, 1383.7325, 1440.7825, 1474.0887, 1500.6446, 1782.3237, 3763.6429, 3780.4489

粒子/过渡态	振动频率/cm^{-1}
CF$_3$(CF$_2$OH)CFCOCF$_2$	47.5653, 70.1144, 75.5129, 87.5570, 139.2815, 155.0056, 177.2354, 209.5655, 271.3383, 294.7883, 310.3815, 327.3857, 342.1757, 346.0181, 358.6220, 369.8653, 380.8976, 470.8744, 534.3726, 546.5812, 553.7646, 573.7969, 607.0757, 649.5323, 680.6135, 739.6462, 776.8760, 980.5377, 1032.8373, 1139.6263, 1168.0695, 1241.7078, 1262.1414, 1322.7732, 1334.4784, 1354.5767, 1378.1336, 1440.1592, 1482.2907, 1605.0766, 1639.7808, 3782.5841
FOH	1093.5041, 1459.5218, 3769.1566

R9	
粒子/过渡态	振动频率/cm^{-1}
CF$_3$(CF$_2$OH)CFCOCF$_3$	44.6835, 68.7624, 82.2417, 104.8539, 134.6788, 139.7634, 178.0236, 203.5621, 230.3415, 279.9773, 297.1598, 300.4340, 316.5163, 338.0206, 361.8726, 374.6271, 386.0803, 457.3255, 483.5360, 516.7090, 549.2913, 558.3815, 563.8306, 596.7453, 651.8448, 686.8702, 747.3378, 780.6794, 784.3598, 962.9450, 1033.0267, 1125.6796, 1155.1532, 1232.5988, 1258.3348, 1299.1600, 1321.4331, 1325.3037, 1340.2528, 1358.6863, 1368.1777, 1387.3621, 1447.2760, 1943.4503, 3788.7849
R9 过渡态	566.7085i, 34.2968, 53.5395, 87.3256, 99.0817, 132.2724, 136.6157, 152.6021, 182.7631, 205.3757, 242.7239, 264.3985, 289.9649, 298.6743, 309.6166, 318.4608, 352.4824, 365.1165, 370.4504, 389.9476, 440.2582, 462.0637, 501.2217, 523.0287, 535.1025, 557.6116, 566.7631, 591.4842, 637.6756, 642.9466, 678.6814, 737.6965, 772.6285, 782.0297, 806.4293, 953.6516, 1028.4633, 1095.2515, 1136.1311, 1250.9570, 1280.4479, 1306.6543, 1324.0694, 1358.8700, 1374.8141, 1377.7071, 1392.9865, 1474.2955, 1944.7339, 3726.7128, 3757.1541
CF(OH)$_2$(CF$_3$)CFCOCF$_3$	43.5841, 72.6049, 86.0148, 108.1359, 138.3773, 144.0103, 181.5051, 202.7667, 232.2260, 274.2309, 282.6743, 299.3344, 317.5215, 330.0470, 337.5319, 361.8688, 378.7394, 423.3803, 463.5233, 496.6318, 518.1866, 556.8726, 562.3915, 571.5331, 602.3314, 650.8868, 673.2896, 740.2069, 772.1642, 782.0097, 961.4698, 1014.3047, 1104.0584, 1137.5297, 1196.0604, 1243.7572, 1270.1835, 1299.9575, 1317.3980, 1325.2830, 1347.9915, 1372.0707, 1380.1100, 1392.2114, 1462.9486, 1940.7493, 3781.3115, 3789.3718

R10	
粒子/过渡态	振动频率/cm^{-1}
CF$_3$(CF$_2$OH)CFCOCF$_3^*$	26.8430, 64.9472, 74.1197, 109.7117, 129.1814, 148.9946, 176.9638, 200.8915, 225.7564, 249.2420, 261.3218, 302.3903, 319.1373, 321.4401, 338.1670, 353.9650, 387.8831, 456.7320, 487.0232, 522.6071, 547.2511, 564.6257, 579.1184, 597.2323, 650.2964, 682.7204, 736.0625, 773.4744, 782.3365, 958.6158, 1020.0634, 1115.9236, 1154.1325, 1234.1814, 1269.7850, 1289.7965, 1317.7082, 1326.4698, 1334.4980, 1355.5024, 1369.6312, 1384.5726, 1476.6867, 1935.8750, 3779.8532
R10 过渡态	610.6104i, 45.2728, 50.9539, 69.4458, 103.5474, 111.0253, 141.4417, 142.8146, 203.2384, 220.4855, 241.1586, 249.8200, 270.7871, 285.9038, 302.1313, 313.7799, 337.5280, 366.7572, 380.9527, 423.8004, 453.8726, 479.8623, 513.9530, 529.4144, 565.4326, 578.0672, 590.8086, 593.0438, 629.3452, 665.9542, 714.7228, 729.1181, 769.7787, 786.5423, 936.5567, 970.9593, 994.3505, 1084.1418, 1155.4656, 1180.4858, 1248.7442, 1279.9467, 1300.7179, 1322.4521, 1333.6427, 1381.3946, 1407.8669, 1468.7938, 1907.5278, 3712.4650, 3779.8140
CF$_2$OHCFCOCF$_3$	55.7346, 62.9793, 89.5760, 145.2737, 174.6677, 198.5741, 248.3689, 280.4645, 308.3325, 337.8389, 362.8729, 444.5676, 453.3180, 474.9026, 523.3271, 581.7249, 594.5413, 627.7634, 714.0341, 723.2447, 773.8434, 978.6083, 1101.7115, 1219.6189, 1262.3277, 1277.6364, 1306.3269, 1318.3775, 1378.6766, 1479.5603, 1532.7559, 1697.2398, 3765.4765

续表

粒子/过渡态	振动频率/cm⁻¹
CF_3OH	248.9221, 444.5883, 458.4475, 605.6138, 629.2687, 641.6091, 940.5872, 1165.5559, 1288.8297, 1370.7782, 1480.4040, 3821.0607

	R11
粒子/过渡态	振动频率/cm⁻¹
$(CF_3)_2CFCO(OH)CF_3$	52.1690, 76.1267, 97.2274, 106.0170, 158.4312, 172.7400, 187.2445, 203.6136, 241.8274, 262.1680, 264.8892, 293.4204, 303.8321, 310.8186, 322.6197, 336.1991, 344.4324, 366.0265, 389.2889, 457.9828, 486.3049, 534.9033, 543.1272, 558.6159, 572.7196, 598.3749, 624.7124, 677.2687, 735.7644, 745.0582, 788.2430, 909.1391, 1012.7788, 1058.1063, 1089.3290, 1211.3605, 1225.8555, 1261.1149, 1284.9443, 1303.4352, 1321.9829, 1328.7243, 1350.0329, 1361.2122, 1374.5255, 1388.0953, 1408.1170, 3800.5561
中间体	45.2304, 52.1908, 72.4891, 95.0832, 104.5676, 114.7221, 136.2401, 150.7170, 168.0435, 177.2678, 184.7561, 195.3302, 236.9109, 243.8989, 254.9338, 273.0846, 303.2281, 309.3558, 322.3419, 332.2486, 352.1262, 389.6280, 462.8711, 482.1768, 487.9464, 529.4029, 541.2371, 559.0135, 569.2871, 597.7080, 650.5965, 689.0569, 746.7787, 776.3721, 786.7407, 958.5084, 1039.1505, 1051.5047, 1130.1534, 1246.8435, 1277.3228, 1290.2251, 1307.4466, 1320.1174, 1341.4677, 1354.6221, 1358.3519, 1381.5100, 1394.2888, 1398.3453, 1526.6633, 1922.8452, 3716.8329, 3777.8505
R11 过渡态	1458.9979i, 53.1873, 81.5074, 94.9236, 107.0406, 131.7208, 159.8030, 171.7163, 188.8062, 199.7316, 219.6627, 268.4493, 292.0074, 310.8223, 311.4363, 320.0083, 337.9754, 346.4866, 367.8389, 369.7787, 386.0996, 448.9097, 487.4275, 537.9665, 543.0786, 560.9854, 572.6514, 576.1678, 602.4813, 632.8812, 681.9800, 734.8619, 748.6887, 785.0155, 828.7063, 930.5276, 966.2409, 1032.9551, 1065.2035, 1149.6250, 1237.5301, 1275.3622, 1295.3271, 1298.5497, 1311.0370, 1330.5689, 1346.3944, 1362.5624, 1369.2255, 1377.5996, 1393.1279, 1487.0986, 2899.6726, 3622.0230
$(CF_3)_2CFC(OH)_2CF_3$	59.3734, 80.1927, 98.4058, 109.4789, 162.6514, 173.1296, 193.4994, 209.3896, 246.1493, 276.1072, 297.3996, 316.9088, 321.1750, 330.6020, 338.0575, 341.8209, 359.6575, 371.0816, 389.2659, 455.4227, 467.5436, 487.5830, 542.2962, 550.2081, 560.5644, 576.1076, 606.8242, 627.6805, 682.5572, 743.0401, 746.7811, 787.8740, 921.9009, 1037.2271, 1078.9202, 1169.0121, 1212.8406, 1228.9341, 1260.2023, 1281.7520, 1302.2453, 1319.3331, 1337.0816, 1347.6067, 1362.0433, 1381.3501, 1392.1093, 1400.4304, 1475.7120, 3784.6845, 3791.1681

表 S10　$C_5F_{10}O + \cdot OH$ 液相分解路径中反应物、生成物、中间体和过渡态的振动频率

粒子/过渡态	振动频率/cm⁻¹
$C_5F_{10}O$	56.4337, 69.1005, 77.5094, 99.8463, 129.2171, 135.5040, 172.3246, 197.4249, 222.4330, 264.7044, 297.0659, 308.5728, 326.7034, 339.9321, 352.5883, 374.0544, 454.2807, 479.9818, 512.8446, 541.5984, 558.5968, 565.3479, 594.1282, 653.8999, 681.5954, 740.2006, 780.3466, 782.3129, 958.7889, 1025.6031, 1123.3630, 1235.1808, 1258.8225, 1263.9309, 1289.1790, 1301.2474, 1314.9875, 1325.7730, 1338.2599, 1373.3472, 1391.7581, 1931.8678
OH	3710.2164

	S1
粒子/过渡态	振动频率/cm⁻¹
S1 过渡态	608.4775i, 62.5992, 67.6404, 88.2905, 101.0858, 121.2403, 151.0114, 169.6573, 176.6525, 213.2551, 220.5087, 276.3770, 316.2357, 322.9645, 336.9918, 341.5507, 349.0277, 367.7138, 378.3062, 411.8501, 465.6814, 489.1276, 534.6554, 545.7587,

续表

粒子/过渡态	振动频率/cm⁻¹
S1 过渡态	556.3936, 572.5281, 588.8650, 596.7284, 631.6365, 702.8936, 711.4286, 766.8194, 780.2271, 936.5199, 959.0224, 1033.8087, 1126.3733, 1204.0797, 1251.4840, 1280.4428, 1281.9576, 1315.3442, 1326.8510, 1334.1711, 1382.0458, 1400.1459, 1898.7898, 3656.4764
$(CF_3)_2CFCOCF_2OH$	40.6604, 63.8017, 87.0531, 107.0939, 121.7791, 148.0402, 166.3123, 203.2850, 221.3541, 248.4348, 307.3205, 314.8512, 326.5179, 335.3462, 345.2946, 384.1593, 390.1874, 456.7664, 481.0599, 517.6352, 541.4309, 558.4686, 564.5876, 592.5340, 645.2769, 693.3813, 743.6633, 781.0028, 784.0400, 950.2935, 1029.4667, 1108.2925, 1120.9149, 1227.6747, 1261.4349, 1269.1514, 1288.2808, 1302.3977, 1316.5668, 1336.7760, 1345.2282, 1374.4869, 1386.2027, 1919.6788, 3732.3903

S2

粒子/过渡态	振动频率/cm⁻¹
S2 过渡态	1933.7673i, 34.4834, 58.5031, 91.3382, 101.8750, 117.1226, 132.1326, 147.5611, 164.2000, 209.1521, 215.6327, 262.8185, 304.8325, 307.2884, 321.5556, 330.4739, 344.1232, 351.7044, 397.5213, 475.2782, 485.2182, 541.1815, 553.8073, 560.2384, 567.4820, 610.8672, 634.6384, 719.1460, 732.4132, 773.0289, 869.7090, 919.2139, 961.7689, 1011.3580, 1067.9399, 1135.2957, 1214.5539, 1260.7762, 1270.0569, 1274.1365, 1290.9381, 1301.7019, 1322.1965, 1329.1494, 1349.9123, 1374.0534, 1392.5968, 2003.1154
$(CF_3)_2CFCHO_2CF_3$	5.5374, 61.0219, 72.7088, 92.1777, 115.6251, 138.9408, 157.9697, 174.6382, 211.5125, 216.9548, 264.0344, 294.1513, 307.9840, 312.0458, 333.7598, 343.2116, 348.9610, 394.2173, 466.7836, 479.8516, 528.3959, 541.9701, 558.3681, 566.2576, 583.6648, 629.5068, 696.0540, 727.0680, 758.9236, 813.6234, 947.4860, 1005.3403, 1086.0023, 1160.0875, 1196.4233, 1235.1495, 1260.2254, 1274.7480, 1283.4232, 1296.8684, 1311.2021, 1323.8146, 1324.7373, 1339.6070, 1372.3322, 1416.5877, 1439.7336, 3179.4737

S3

粒子/过渡态	振动频率/cm⁻¹
S3 过渡态	670.1480i, 40.8154, 68.5504, 80.3215, 109.2931, 125.3512, 134.1618, 146.5821, 184.1659, 202.6349, 224.0483, 285.4264, 291.0901, 312.8446, 318.4970, 328.6660, 370.3138, 385.5990, 408.9173, 454.9317, 492.6978, 516.5358, 522.4373, 552.2324, 568.6679, 591.4097, 625.5495, 639.6901, 660.0397, 678.5058, 740.1944, 771.4295, 789.9535, 914.7511, 949.4615, 1024.9237, 1111.5533, 1141.3719, 1243.0296, 1265.3381, 1297.5902, 1304.1389, 1311.5233, 1331.1406, 1371.8411, 1388.9279, 1924.2087, 3688.2253
$CF_3(CF_2OH)CFCOCF_3$	52.7349, 65.4115, 78.8371, 103.0842, 129.4236, 138.3885, 174.5873, 202.1944, 226.6883, 271.4746, 299.2794, 306.3710, 326.9010, 336.3757, 357.3555, 373.5647, 378.7774, 455.6616, 482.4435, 513.6741, 544.7465, 559.4601, 562.3402, 595.0392, 652.5429, 681.1127, 741.3805, 779.6170, 781.2119, 957.2969, 1022.3529, 1119.1070, 1139.6531, 1212.0815, 1235.7534, 1263.0604, 1295.3747, 1296.7598, 1308.2717, 1325.2124, 1351.8291, 1380.6356, 1426.6001, 1926.4920, 3728.7634

S4

粒子/过渡态	振动频率/cm⁻¹
S4 过渡态	683.2754i, 58.2826, 70.4584, 85.8372, 112.6443, 122.8265, 137.3281, 178.5286, 186.3672, 203.7844, 223.4542, 281.2044, 301.0530, 311.7719, 316.2161, 353.8399, 363.9908, 383.8238, 416.8104, 455.2775, 481.2471, 498.6972, 521.1252, 554.5143, 578.6488, 591.7062, 593.9482, 653.7667, 664.3986, 699.7980, 733.9500, 776.2761, 785.7060, 941.6474, 956.8616, 1025.5538, 1117.3881, 1141.0216, 1237.0755, 1265.2509, 1287.6117, 1294.2996, 1304.8298, 1341.1375, 1364.6582, 1381.1259, 1919.8461, 3644.6445

粒子/过渡态	振动频率/cm^{-1}
CF$_3$(CF$_2$OH)CFCOCF$_3^*$	55.2585, 70.9197, 77.0514, 116.7010, 131.5318, 150.3496, 178.1384, 203.9812, 226.4701, 256.1129, 302.6225, 308.5541, 321.3525, 329.0752, 356.3131, 385.6831, 402.4512, 456.6882, 486.0390, 520.3691, 546.3030, 562.9372, 576.8758, 595.3408, 649.9036, 684.0788, 735.3613, 776.3767, 781.6421, 954.5563, 1013.7451, 1113.9401, 1160.6433, 1203.8502, 1258.8520, 1267.3859, 1289.4978, 1298.6980, 1305.6023, 1316.5385, 1353.4614, 1372.5164, 1473.9375, 1917.7107, 3723.3517

S5

粒子/过渡态	振动频率/cm^{-1}
S5 过渡态	438.7850i, 46.3006, 48.9405, 92.1322, 102.0075, 146.4630, 161.7052, 178.9344, 200.3971, 205.2369, 228.7153, 254.4339, 281.6643, 302.5747, 305.0156, 317.7011, 335.9056, 346.7125, 365.3146, 441.9466, 465.6727, 477.1468, 507.3612, 538.8015, 555.2573, 569.5568, 592.4900, 622.9840, 670.4887, 735.6010, 743.0200, 784.4225, 816.0521, 955.9699, 1035.9556, 1127.2477, 1226.7499, 1262.1489, 1267.3728, 1280.2450, 1305.1177, 1311.6658, 1325.8686, 1346.0764, 1367.4912, 1389.2477, 1689.8947, 3629.6791
(CF$_3$)$_2$CFCO(OH)CF$_3$	57.5944, 76.8799, 96.3209, 110.5934, 160.0542, 176.4995, 189.3994, 204.1783, 240.8274, 260.2800, 278.1416, 300.3896, 306.6555, 317.1885, 333.4934, 336.5651, 339.8005, 361.0964, 386.4454, 456.4413, 486.5589, 530.4297, 540.4622, 557.1805, 570.5753, 594.6570, 623.2726, 674.6169, 729.1061, 738.4137, 785.1409, 911.1177, 996.5809, 1040.7442, 1074.7451, 1190.7455, 1212.6598, 1246.3098, 1260.7208, 1282.0722, 1293.1783, 1304.1018, 1321.1301, 1324.4633, 1358.9277, 1374.9085, 1404.5121, 3740.7735

S6

粒子/过渡态	振动频率/cm^{-1}
(CF$_3$)$_2$CFCOCF$_2$OH	40.6604, 63.8017, 87.0531, 107.0939, 121.7791, 148.0402, 166.3123, 203.2850, 221.3541, 248.4348, 307.3205, 314.8512, 326.5179, 335.3462, 345.2946, 384.1593, 390.1874, 456.7664, 481.0599, 517.6352, 541.4309, 558.4686, 564.5876, 592.5340, 645.2769, 693.3813, 743.6633, 781.0028, 784.0400, 950.2935, 1029.4667, 1108.2925, 1120.9149, 1227.6747, 1261.4349, 1269.1514, 1288.2808, 1302.3977, 1316.5668, 1336.7760, 1345.2282, 1374.4869, 1386.2027, 1919.6788, 3732.3903
S6 过渡态	675.6643i, 42.0586, 67.1536, 74.6308, 121.7101, 125.3883, 149.4645, 179.3278, 193.6480, 224.6320, 235.2712, 277.7942, 299.0770, 313.4154, 314.7804, 353.2572, 363.3924, 381.9954, 434.7791, 441.6357, 458.0005, 480.7661, 504.7655, 527.5858, 553.8160, 579.6690, 594.7191, 629.0848, 660.8803, 694.8747, 728.0975, 756.4623, 781.6479, 794.0037, 944.2213, 1009.7658, 1031.7869, 1104.3798, 1132.5724, 1139.4553, 1224.0179, 1270.7192, 1282.2836, 1294.0438, 1324.5537, 1338.8543, 1370.5723, 1379.0570, 1914.6136, 3665.8701, 3688.0687
CF$_3$(CF$_2$OH)CFCOCF$_2$OH	43.1086, 50.5182, 80.9395, 114.1158, 136.5129, 158.8489, 178.5011, 214.9986, 223.0377, 256.6473, 307.4390, 317.3879, 328.6285, 340.5761, 351.0693, 386.3286, 407.2788, 454.0979, 466.6677, 495.5291, 527.1869, 548.0928, 562.6151, 563.6747, 596.4079, 649.4366, 693.1280, 742.2972, 779.1712, 785.8042, 954.0696, 1016.2373, 1097.5558, 1104.1080, 1147.1098, 1207.0148, 1245.2014, 1275.6718, 1282.0509, 1302.3573, 1313.8209, 1324.8996, 1365.0740, 1384.5335, 1417.1367, 1916.7666, 3738.5833, 3740.4918

S7

粒子/过渡态	振动频率/cm^{-1}
(CF$_3$)$_2$CFCHO$_2$CF$_3$	5.5374, 61.0219, 72.7088, 92.1777, 115.6251, 138.9408, 157.9697, 174.6382, 211.5125, 216.9548, 264.0344, 294.1513, 307.9840, 312.0458, 333.7598, 343.2116, 348.9610, 394.2173, 466.7836, 479.8516, 528.3959, 541.9701, 558.3681, 566.2576, 583.6648,

粒子/过渡态	振动频率/cm^{-1}
$(CF_3)_2CFCHO_2CF_3$	629.5068, 696.0540, 727.0680, 758.9236, 813.6234, 947.4860, 1005.3403, 1086.0023, 1160.0875, 1196.4233, 1235.1495, 1260.2254, 1274.7480, 1283.4232, 1296.8684, 1311.2021, 1323.8146, 1324.7373, 1339.6070, 1372.3322, 1416.5877, 1439.7336, 3179.4737
S7 过渡态	697.2277i, 59.2721, 70.3280, 92.3311, 119.7932, 139.4587, 145.4499, 163.0837, 186.6731, 192.4878, 196.4652, 204.5926, 215.3291, 248.4049, 272.5342, 297.1559, 309.5244, 316.2807, 331.8547, 345.0292, 357.1551, 381.7313, 456.5698, 459.4621, 514.8939, 522.0608, 541.3106, 560.5410, 580.3835, 614.1665, 663.9270, 724.9669, 737.0419, 786.0015, 852.3239, 927.9202, 1024.1720, 1043.0259, 1137.4752, 1184.1682, 1216.5709, 1243.3745, 1252.9232, 1282.5271, 1288.3337, 1305.8461, 1309.1371, 1340.3546, 1355.1949, 1393.8992, 1421.3280, 1434.0704, 3108.1338, 3586.7848
$CF_3(CF_2O)CFCHOCF_3$	60.1316, 86.6319, 99.9591, 124.0665, 140.0660, 161.3296, 199.8838, 220.4959, 238.1963, 279.1775, 306.3910, 311.9851, 322.6701, 350.7525, 401.9770, 465.2999, 487.0765, 518.5061, 538.6859, 559.3572, 586.3590, 614.7879, 692.9004, 708.4083, 721.1263, 754.2100, 805.6892, 923.5157, 1000.4954, 1054.2593, 1088.4124, 1169.7805, 1183.9489, 1222.2143, 1242.7885, 1254.7847, 1277.0026, 1298.4086, 1308.9479, 1332.7880, 1356.6400, 1402.4801, 1412.3172, 1449.2290, 3167.7189

S9	
粒子/过渡态	振动频率/cm^{-1}
$CF_3(CF_2OH)CFCOCF_3$	52.7349, 65.4115, 78.8371, 103.0842, 129.4236, 138.3885, 174.5873, 202.1944, 226.6883, 271.4746, 299.2794, 306.3710, 326.9610, 336.3757, 357.3555, 373.5647, 378.7774, 455.6616, 482.4435, 513.6741, 544.7465, 559.4601, 562.3402, 595.0392, 652.5429, 681.1127, 741.3805, 779.6170, 781.2119, 957.2969, 1022.3529, 1119.1070, 1139.6531, 1212.0815, 1235.7534, 1263.0604, 1295.3747, 1296.7598, 1308.2717, 1325.2124, 1351.8291, 1380.6356, 1426.6001, 1926.4920, 3728.7634
S9 过渡态	560.6443i, 35.1465, 65.2342, 85.1574, 102.6828, 131.7988, 141.2600, 160.0469, 188.5523, 201.3772, 239.0321, 273.3590, 280.1354, 299.6630, 311.3363, 319.0701, 354.1781, 366.3504, 372.6122, 406.3461, 443.0001, 458.0090, 493.1709, 512.7311, 529.1440, 555.7352, 569.0440, 602.0697, 610.6626, 644.3000, 661.1029, 730.8892, 769.0044, 781.9737, 837.2128, 946.5775, 1019.1236, 1083.9628, 1115.1519, 1239.7973, 1265.3662, 1271.7336, 1298.2568, 1322.9887, 1339.9136, 1362.0422, 1384.4751, 1465.5482, 1925.1743, 3683.6926, 3717.8018
$CF(OH)_2(CF_3)CFCOCF_3$	47.2392, 65.6977, 75.4702, 95.7158, 129.1553, 136.6497, 165.2533, 181.1645, 220.9592, 230.8990, 264.9906, 283.8393, 307.8646, 318.5240, 328.3372, 346.9363, 360.8993, 379.5641, 454.3433, 484.5458, 514.1466, 545.2384, 559.1955, 562.2056, 594.4750, 650.3772, 669.7642, 734.0254, 769.8878, 780.6393, 953.8847, 1002.8101, 1084.9677, 1107.8215, 1167.0516, 1233.6149, 1242.9149, 1264.2123, 1288.9866, 1299.9212, 1306.1327, 1343.6034, 1365.3306, 1388.5714, 1426.3360, 1922.1347, 3714.6410, 3754.4816

S10	
粒子/过渡态	振动频率/cm^{-1}
$CF_3(CF_2OH)CFCOCF_3*$	55.2585, 70.9197, 77.0514, 116.7010, 131.5318, 150.3496, 178.1384, 203.9812, 226.4701, 256.1129, 302.6225, 308.5541, 321.3525, 329.0752, 356.3131, 385.6831, 402.4512, 456.6882, 486.0390, 520.3691, 546.3030, 562.9372, 576.8758, 595.3408, 649.9036, 684.0788, 735.3613, 776.3767, 781.6421, 954.5563, 1013.7451, 1113.9401, 1160.6433, 1203.8502, 1258.8520, 1267.3859, 1289.4978, 1298.6980, 1305.6023, 1316.5385, 1353.4614, 1372.5164, 1473.9375, 1917.7107, 3723.3517
S10 过渡态	613.3897i, 38.4076, 51.8280, 73.1103, 98.7199, 104.3792, 139.0140, 144.0950, 198.5935, 214.8167, 242.0730, 262.7121, 269.5436, 292.4422, 307.8610, 333.7266, 343.1335, 366.3514, 379.9874, 425.9819, 446.2465, 475.6928, 505.5097, 524.3566, 560.4058,

续表

粒子/过渡态	振动频率/cm⁻¹
S10 过渡态	575.8012, 587.4522, 610.1372, 635.0615, 664.3957, 702.1251, 713.0772, 761.6201, 779.7453, 949.4453, 962.0855, 974.0847, 1067.8606, 1131.1220, 1169.1368, 1220.3246, 1254.5051, 1278.4810, 1294.8395, 1310.9408, 1331.4320, 1404.9907, 1443.7229, 1861.5258, 3654.7608, 3686.3168
$CF_2OHCFCOCF_3$	66.4995, 69.5248, 93.7542, 148.6321, 170.9478, 200.7255, 249.6879, 272.7410, 304.8344, 337.0596, 364.1981, 445.3627, 449.8698, 468.3396, 522.2169, 578.3489, 594.0079, 626.3015, 715.1256, 725.3770, 774.6106, 971.2424, 1098.6204, 1191.5976, 1229.6582, 1252.2281, 1266.8960, 1291.6493, 1366.0736, 1485.0166, 1536.3257, 1668.2501, 3694.7840
CF_3OH	293.4135, 442.6195, 449.3421, 599.7162, 624.3843, 636.0910, 932.3100, 1124.6442, 1238.8517, 1287.0050, 1427.4957, 3748.5573

S11

粒子/过渡态	振动频率/cm⁻¹
$(CF_3)_2CFCO(OH)CF_3$	57.5944, 76.8799, 96.3209, 110.5934, 160.0542, 176.4995, 189.3994, 204.1783, 240.8274, 260.2800, 278.1416, 300.3896, 306.6555, 317.1885, 333.4934, 336.5651, 339.8005, 361.0964, 386.4454, 456.4413, 486.5589, 530.4297, 540.4622, 557.1805, 570.5753, 594.6570, 623.2726, 674.6169, 729.1061, 738.4137, 785.1409, 911.1177, 996.5809, 1040.7442, 1074.7451, 1190.7455, 1212.6598, 1246.3098, 1260.7208, 1282.0722, 1293.1783, 1304.1018, 1321.1301, 1324.4633, 1358.9277, 1374.9085, 1404.5121, 3740.7735
中间体	29.8999, 62.1224, 96.5682, 105.4036, 148.2697, 159.5941, 174.2400, 187.4662, 199.6412, 208.1426, 265.2424, 271.8611, 304.0874, 307.9852, 316.0165, 332.2440, 337.9060, 358.7719, 370.6429, 375.5274, 444.7496, 486.0479, 536.2975, 541.3294, 558.3804, 568.9325, 576.0737, 623.6324, 636.1343, 689.8647, 725.5087, 742.9437, 781.5543, 860.2779, 882.2288, 934.5317, 1028.2827, 1044.0286, 1129.6591, 1229.7073, 1238.3735, 1259.1755, 1276.9020, 1279.2105, 1294.4167, 1319.9477, 1330.0622, 1332.2209, 1352.8367, 1364.0814, 1386.9664, 1466.0612, 3269.3325, 3551.5650
S11 过渡态	1607.6863i, 40.0281, 75.8003, 95.7597, 110.8190, 147.9510, 159.4867, 174.7226, 189.6378, 201.3324, 215.1844, 268.4090, 283.9392, 305.3605, 306.7313, 317.2796, 336.8121, 341.8582, 357.5553, 365.7711, 380.0846, 443.7283, 485.4422, 501.7331, 538.0566, 542.1965, 558.7498, 575.0996, 594.0739, 632.2179, 685.7803, 729.8180, 743.3926, 783.4961, 840.7132, 916.8153, 969.9301, 1019.2242, 1053.8737, 1131.4287, 1223.1827, 1245.7443, 1261.8080, 1279.3499, 1283.5379, 1299.4418, 1313.9354, 1328.9123, 1334.4127, 1359.5509, 1379.4366, 1459.5527, 2699.3962, 3640.7986
$(CF_3)_2CFC(OH)_2CF_3$	61.9252, 76.6906, 98.1693, 114.8607, 165.3120, 173.5037, 187.8473, 203.6829, 240.6061, 259.1207, 276.1982, 289.8435, 306.7249, 319.7107, 324.5245, 337.6068, 349.8497, 362.4210, 372.5937, 405.9928, 465.1119, 484.7502, 532.0203, 543.8664, 559.4457, 574.8434, 605.7155, 620.9732, 671.6170, 736.8336, 742.2511, 785.2880, 925.0103, 1027.8152, 1068.5920, 1146.3615, 1213.2472, 1227.3548, 1257.0587, 1264.0615, 1282.1532, 1289.5859, 1304.3156, 1318.0310, 1322.2547, 1366.0542, 1378.0455, 1400.0362, 1463.5106, 3730.3843, 3742.9876

(10) $C_5F_{10}O+Cu$ 分解路径中反应物、生成物、中间体和过渡态的振动频率如表 S11 所示。

表 S11 $C_5F_{10}O + Cu$ 分解路径中反应物、生成物、中间体和过渡态的振动频率

粒子/过渡态	振动频率/cm⁻¹
$C_5F_{10}O$	28.4130, 44.6873, 62.9681, 72.5293, 118.7916, 126.4011, 155.7634, 199.7359, 219.0534, 254.7862, 281.6994, 303.0080, 312.3024, 326.2686, 339.3143, 374.1598, 438.4286, 470.6450, 510.7669, 534.5287, 542.7276, 553.4665, 577.7259, 630.1411, 672.4784, 725.1151, 752.1602, 756.0316, 915.6050, 975.4129, 1025.8887, 1142.4857, 1150.0003, 1153.7082, 1180.6549, 1197.5984, 1214.6454, 1235.4524, 1236.1844, 1265.8899, 1284.1036, 1863.9766
$CF_3CuCOCF(CF_3)_2$	19.5722, 22.8823, 35.5528, 39.5740, 55.0397, 67.8803, 88.5018, 109.6603, 146.8066, 170.5349, 173.0107, 201.3599, 214.6083, 245.1241, 280.4432, 293.0315, 296.1172, 315.7711, 338.3656, 379.5092, 452.3570, 455.9449, 497.4297, 504.6821, 533.5702, 549.5280, 563.4196, 597.6929, 696.3032, 716.5855, 737.2272, 788.6246, 973.6393, 980.8822, 1035.2164, 1066.5533, 1087.0719, 1143.4970, 1164.4371, 1192.8122, 1224.3850, 1240.4890, 1258.7530, 1296.3902, 1816.5227
$CF_3CuCFCF_3$	14.1236, 19.9059, 38.9821, 55.3734, 112.8875, 150.0496, 193.1014, 222.0621, 239.7887, 263.4331, 342.0253, 432.2954, 483.7107, 493.9935, 502.2494, 559.2730, 603.3778, 697.1498, 714.7647, 906.1931, 1011.5923, 1056.1580, 1112.9209, 1161.0102, 1223.8800, 1247.7878, 1283.6043
$CF_3CF(Cu)CF_3$	35.6162, 67.3520, 102.5944, 127.7390, 169.5677, 231.4031, 246.2355, 275.6671, 307.1652, 330.1052, 345.8537, 461.1213, 530.1479, 531.8049, 556.9997, 603.4597, 692.8900, 737.2661, 899.9806, 943.4948, 1063.1739, 1124.0442, 1150.0227, 1191.7304, 1195.9080, 1263.0784, 1294.4335
$CuCOCF(CF_3)_2$	25.9917, 48.1644, 71.5600, 93.4529, 117.2003, 154.1057, 216.9707, 246.8707, 272.3070, 300.8023, 307.2966, 319.8073, 338.6549, 379.6139, 459.7829, 488.8221, 530.7141, 541.6171, 563.2433, 599.6023, 713.3940, 742.5556, 810.1196, 959.6133, 974.0229, 1138.9255, 1142.5712, 1170.8638, 1205.8490, 1234.3158, 1276.7400, 1295.8069, 1799.2119
$COCuCF(CF_3)_2$	34.4642, 37.6318, 40.4708, 71.1232, 100.7715, 120.5213, 165.5576, 206.6538, 243.0712, 259.7820, 308.2742, 327.7633, 329.7222, 335.5320, 346.7210, 387.5010, 461.6156, 529.7325, 533.0684, 557.7413, 601.9336, 690.9000, 735.4007, 920.2758, 941.0180, 1040.6209, 1112.9361, 1144.3203, 1182.3907, 1197.0572, 1272.6956, 1299.2976, 2250.3305
$COCF(CF_3)_2$	26.6287, 74.2759, 78.9674, 149.9561, 192.4341, 232.6578, 251.5826, 275.9098, 314.9931, 332.6208, 350.1004, 374.4217, 438.9073, 533.9315, 547.4806, 560.2622, 577.7869, 690.9311, 711.5129, 757.1968, 962.9258, 965.2324, 1116.7053, 1168.5995, 1195.0585, 1229.6788, 1242.7548, 1255.8573, 1297.3228, 1965.9064
CF_3CuCO	51.4220, 52.2227, 161.5034, 162.8967, 259.2262, 335.5910, 335.6388, 390.1467, 495.7239, 496.8388, 694.0451, 1003.6081, 1005.3366, 1159.2040, 2248.8306
CF_3CuCF	15.0242, 43.7224, 127.7956, 154.5540, 184.8945, 231.3691, 283.5490, 449.6082, 494.2586, 498.9188, 695.8204, 1007.8289, 1036.8459, 1121.9849, 1367.4027
CF_3CFCO	51.4905, 139.8036, 162.3630, 234.4046, 396.9270, 432.9005, 478.2019, 481.8002, 568.7501, 591.1447, 699.3537, 762.8324, 1085.2701, 1150.6473, 1172.8935, 1337.5580, 1426.5605, 2253.5531
$CuCO$	201.0552, 310.4240, 2048.3566
$CuCF$	261.8974, 520.5808, 1156.1460
C_3F_7	25.8437, 32.3403, 119.0824, 157.6345, 257.7665, 294.2345, 319.8712, 345.3513, 451.3702, 480.2174, 535.3802, 543.0546, 606.7663, 632.4854, 697.5087, 766.7423, 985.1949, 1118.4828, 1143.0135, 1173.2059, 1199.5234, 1231.7849, 1354.8757, 1412.6772
CF_3Cu	188.2009, 189.4415, 293.6211, 503.4748, 504.4633, 706.1296, 1057.5579, 1057.6845, 1099.1735
CF_3CO	58.7625, 234.1245, 394.5566, 410.4499, 528.0662, 538.4390, 664.8843, 777.2809, 1145.1550, 1186.8799, 1206.3146, 1970.6871

粒子/过渡态	振动频率/cm⁻¹
CF$_3$CF	31.4630, 259.8480, 357.6536, 401.6629, 525.4936, 533.7335, 688.0697, 818.4900, 1158.4615, 1208.2504, 1218.7368, 1284.0310
CF$_3$	503.9964, 505.4554, 693.0084, 1077.7013, 1240.7478, 1243.6731
CF	1295.3019
CO	2219.9751
TS1	238.1393i, 21.9735, 31.4467, 52.4567, 70.3186, 88.5274, 101.1924, 105.7665, 127.3315, 154.6109, 160.0135, 171.0818, 209.8065, 253.8805, 264.1274, 293.3761, 300.1795, 321.3620, 340.8802, 370.2834, 427.8895, 482.9926, 501.3143, 529.2654, 534.5201, 541.1573, 555.7015, 621.1810, 664.0289, 688.2333, 734.3708, 773.0594, 933.5540, 985.1764, 1003.3609, 1093.0405, 1094.2488, 1131.2324, 1150.0818, 1185.9943, 1220.6025, 1242.4063, 1265.9630, 1295.2793, 1720.8550
TS2	212.6978i, 11.7438, 20.1441, 34.7011, 36.2418, 41.3636, 56.3226, 67.7186, 82.4486, 111.7267, 163.8146, 171.1663, 175.4172, 201.3358, 249.4994, 251.2992, 295.1215, 305.1726, 322.9698, 344.2879, 348.0738, 409.4367, 456.7550, 497.3717, 501.6090, 517.6058, 528.7435, 551.9990, 609.8026, 678.3253, 696.4180, 701.9980, 775.6019, 977.0342, 1039.4496, 1054.5246, 1061.7496, 1136.8526, 1151.9662, 1169.2550, 1177.5233, 1222.0816, 1303.5570, 1320.5054, 2075.2070
TS3	197.2483i, 30.5493, 44.9367, 74.6777, 91.1892, 105.1951, 124.5408, 174.1466, 215.2451, 254.4412, 300.2243, 315.2854, 316.9848, 337.4338, 355.5359, 430.9913, 471.5751, 509.1475, 512.4629, 543.3990, 589.3453, 669.6508, 698.3904, 782.2651, 933.4579, 1004.5024, 1030.2514, 1109.6140, 1123.2157, 1214.9094, 1264.8033, 1320.3420, 2094.7283
TS4	273.7987i, 30.9718, 47.3622, 60.4234, 112.2843, 154.3636, 158.1344, 197.9524, 249.3658, 298.3013, 313.8866, 329.3807, 345.0698, 455.7151, 509.4986, 532.4629, 552.2129, 609.4441, 690.3128, 699.9648, 779.2738, 975.3914, 1135.1590, 1158.0488, 1184.5262, 1198.2159, 1234.5259, 1321.9689, 1323.7542, 2096.1651
TS5	248.1381i, 28.4721, 68.1679, 80.4547, 113.5193, 142.3930, 178.6531, 191.6736, 249.8657, 261.7511, 293.3333, 434.1812, 447.5818, 491.7856, 505.1829, 566.4243, 582.1595, 687.1663, 709.5324, 907.7720, 932.0597, 1075.3212, 1133.2785, 1143.6353, 1193.8206, 1203.1743, 1265.5439

编 后 记

    "博士后文库"是汇集自然科学领域博士后研究人员优秀学术成果的系列丛书。"博士后文库"致力于打造专属于博士后学术创新的旗舰品牌，营造博士后百花齐放的学术氛围，提升博士后优秀成果的学术影响力和社会影响力。

    "博士后文库"出版资助工作开展以来，得到了全国博士后管委会办公室、中国博士后科学基金会、中国科学院、科学出版社等有关单位领导的大力支持，众多热心博士后事业的专家学者给予积极的建议，工作人员做了大量艰苦细致的工作。在此，我们一并表示感谢！

"博士后文库"编委